"十四五"时期国家重点出版规划项目
国家重点研发计划项目(2016YFC0501105)资助
国家自然科学基金项目(51874306)资助
江苏高校优势学科建设工程项目(140119001)资助

干旱半干旱草原矿区
生态累积效应研究

董霁红　房阿曼　赵银娣　著

中国矿业大学出版社

·徐州·

内 容 简 介

本书首先明晰了煤炭开采与草原生态系统空间演变的关系,归纳了草原矿区生态效应累积特征,剖析了关键生态要素累积响应机理;其次分析了东部草原大型矿区开采前后植被演变趋势,探究了煤炭开采活动对矿区植被变化的累积影响程度及影响方式;再次对比解析了不同开采时期的三个典型大型草原露天煤矿区生态系统服务功能变化,揭示了矿区土地生态储存能力对煤炭开采活动的累积响应;最后基于生命周期理论,从宏观和微观角度着重评估了宝日希勒矿生命周期各阶段的地表生态质量及土壤生态风险,划定了内蒙古宝日希勒矿区的地表生态影响范围,提出了相应的生态策略。

本书可作为高等学校矿业生态、草原矿区遥感、累积效应量化、环境工程、采矿科学、矿山复垦等相关专业的本科生、研究生的教学用书,也可作为政府机构政策制定者、国家相关矿业管理人员、国内外科研院所的研究人员及现场工程技术人员的参考书。

审图号:GS(2021)7069 号

图书在版编目(C I P)数据

干旱半干旱草原矿区生态累积效应研究 / 董霁红,房
阿曼,赵银娣著. —徐州 :中国矿业大学出版社,2022.1
　　ISBN 978 - 7 - 5646 - 5160 - 2

　　Ⅰ. ①干… Ⅱ. ①董…②房…③赵… Ⅲ. ①煤矿—矿区环
境保护—累积效应—研究—中国 Ⅳ. ①X322.2

中国版本图书馆 CIP 数据核字(2021)第 201564 号

书　　　名	干旱半干旱草原矿区生态累积效应研究
	Ganhan Banganhan Caoyuan Kuangqu Shengtai Leiji Xiaoying Yanjiu
著　　　者	董霁红　房阿曼　赵银娣
责任编辑	褚建萍　赵　雪
出版发行	中国矿业大学出版社有限责任公司
	(江苏省徐州市解放南路　邮编 221008)
营销热线	(0516)83884103　83885105
出版服务	(0516)83995789　83884920
网　　　址	http://www.cumtp.com　E-mail:cumtpvip@cumtp.com
印　　　刷	徐州中矿大印发科技有限公司
开　　　本	787 mm×1092 mm　1/16　印张 11.25　字数 288 千字
版次印次	2022 年 1 月第 1 版　2022 年 1 月第 1 次印刷
定　　　价	50.00 元

(图书出现印装质量问题,本社负责调换)

前　言

　　全球共有八大主要干旱半干旱区,即北非、澳大利亚、西南亚、中亚、中蒙、美国中西部、非洲南部以及南美洲南部。其中,中蒙干旱半干旱区总面积为 500 万 km^2。中蒙干旱半干旱区是典型的生态脆弱区,以耐旱的短生长周期植物、牧草等为主。地区水资源匮乏、土地退化严重、植被覆盖度较小,但煤炭资源赋存丰富,总地质储量约 9 600 亿 t。这一区域浅层煤炭资源开发加剧了生态负面效应累积并产生广领域的外扩现象,是区域甚至全球不可忽视的重要生态问题。

　　内蒙古干旱半干旱草原区,既是我国"两屏三带"生态安全屏障区,也是大型煤炭基地和煤电基地的分布区。由煤炭资源开采造成的土地退化、地下水位下降、生物多样性减少等生态问题,经过长期累积和空间外扩,对矿区及周边地区生态造成严重负面影响。针对这一区域生态累积效应的研究已经引起了国家和社会的广泛关注。2019 年全国两会期间,习近平总书记参加内蒙古代表团审议时特别强调了内蒙古生态状况直接关系到国家生态安全。2020 年党的十九届五中全会提出"推行草原森林河流湖泊休养生息",草原被置于首位,说明保护草原生态的重要性和紧迫性。因此,研究典型干旱半干旱草原矿区的生态过程与弹性应对机制已成为战略层面的国际问题。

　　生态环境退化问题是资源开采和其他人类活动的时空叠加、累积影响造成的,具有典型的累积效应特点。累积效应分析是为了弥补传统环境影响分析的缺陷提出来的,美国、加拿大两国对于累积效应研究的理论和实践有很大的进展。近年来,我国对环境累积效应的研究日益重视,一些学者对其基本概念与问题进行了介绍和分析。已有研究主要集中在生态变化监测与评价、研究方法与策略、生态效应协同机理等方面,由于生态累积效应过程的长期性,内涵的复杂性和多面性,外延的宽泛性,对生态累积效应的研究还没有公认的成熟方法和分析框架,对于大规模矿产资源的开发,尚缺乏系统时空尺度的生态累积效应的综合研究。目前,针对干旱半干旱矿区生态累积效应的研究局限于个别生态要素或者生态链的某一节点、某一局部、某一时段等,多倾向于地表要素的表征分析,对于不可见、不稳定的生态累积程度、边界范围或者演变阈值等聚焦过少;而针对矿区生态修复与治理方案则更多倚重单一工程。那么,研究这个问题就需要把矿区置于社会生态系统之中,从不同的时空尺度,把握煤矿开发的全过程,解析生态负效应的累积特征、分布规律与迁移机理,建立矿业-牧业-资源一体的生态安全预警体系与弹性应对模式,包括生态风险的评估、生态阈限的探索、社会预警机制的建立等主要内容。

　　鉴于此,本书依托国家重点研发计划项目、国家自然科学基金项目、国际合作项目的科研成果,系统总结了我国煤矿建设和生态环境治理方面处于世界领先水平的、具有自主知识产权的重要成果,全面总结了世界不同地域和国家的煤矿生态累积效应与弹性应对机制的重要成果,创立了生态累积效应和弹性应对的理论基础,构建了弹性应对机制的技术手段,建立了国际社会协同应对矿区资源-环境-生态问题的实践模式,为矿区产业开发提供了可持续技术路径。

全书共分七章，包括：草原矿区生态累积效应研究综述；蒙东干旱半干旱草原矿区概况与数据资源；草原矿区煤炭开采生态累积效应机理研究；蒙东25个矿区植被演变生态效应分析；大型露天矿土地覆被变化及生态累积效应研究；宝日希勒煤矿生态效应定量解析与响应策略；干旱半干旱草原矿区生态累积风险与分区管控。全书由董霁红、房阿曼、赵银娣共同完成，并由董霁红统一修改定稿。

在本书撰写过程中，引用或参考了国内外许多专家学者的文献、研究成果，在此对文献的作者谨致敬意与谢忱！在成书过程中，获得了各方的支持和诸多帮助，中国工程院谢和平院士、彭苏萍院士指导了本书的学术观点；日本东京大学藤田丰久教授、庆应大学严网林教授指正了本书的部分内容；中国煤炭学会刘峰理事长、中国矿业大学卞正富副校长修改了本书的框架结构和调研方案；中国矿业大学董霁红教授团队的同事、博硕士学生参与了本书的数据整理、图片制作、现场实验等工作。国家能源集团所属重点实验室、内蒙古煤炭企业的领导与同行提供了低空数据获取和现场测评条件，中国科学院南京土壤研究所、中国科学院生态环境研究中心协助了实验室样品检测。本书最终能够出版得益于中国矿业大学出版社褚建萍主任和同事的辛勤付出，还有因为时间记忆疏漏未曾提到的帮助本书的同仁，在此一并致以崇高的敬意和诚挚的感谢！

矿区生态累积效应的研究尚处于发展完善阶段，一些理论和方法有待进一步拓展深入研究，由于作者水平有限，书中难免存在缺失和疏漏之处，敬请读者不吝批评指正。本书作者联络电子邮箱：dongjihong@cumt.edu.cn。

2021 年 9 月

目　　录

1 草原矿区生态累积效应研究综述

1.1 研究背景与问题提出

草原作为我国面积最大的陆地生态系统,占国土总面积的40%[1],具有固碳、保护生物多样性、涵养水源、防风固沙及旅游等生态功能。内蒙古自治区是我国主要的草原分布区,草原面积约占全国草原总面积的22%[2],同时这里分布着丰富的煤炭资源,截至2020年,煤炭保有储量5 179.13亿t[3],居全国各省区煤炭储量的首位。内蒙古自治区煤炭开采始于20世纪初,已有百年开采历史[4]。煤炭资源开采引起草场退化、地下水位下降、生物多样性减少等生态问题[5-7],经过长期累积和空间外扩,对矿区及周边地区生态产生严重负面影响。近五年,针对草原生态问题,国家给予高度关注。2016年7月,科学技术部针对内蒙古东部草原矿区生态修复问题批准了由煤炭企业联合高校、科研机构等申请的"东部草原区大型煤电基地生态修复与综合整治技术及示范"项目。2018年,生态环境部成立生态环保督察组对内蒙古草原生态环境问题进行专项督查,尤其重视占用草原开采矿山项目的调查落实[8]。2021年3月,国务院发布的《关于加强草原保护修复的若干意见》明确指出保护草原生态系统,建立草原生产、生态监测预警系统[9]。

内蒙古东部地区,简称蒙东,属干旱半干旱气候,年降水量低于400 mm,由于受到水分限制,生态环境极其脆弱。胜利、伊敏、元宝山、霍林河等煤田开发形成了多个大型露天矿区,燃煤发电形成了锡林郭勒千万千瓦级大型煤电基地[7]。煤炭开采及相关产业的快速发展,在推动经济发展的同时,对当地生态环境造成剧烈破坏,湖泊面积萎缩、土地质量下降、土壤重金属污染、地质灾害频发、生物多样性降低等生态问题严重[10-12]。2012年初步调查,呼伦贝尔市因采煤造成的地面塌陷约36 km²,废石场占地累计10.3 km²,地下水漏斗24 km²,土地污染10 km²[13]。呼伦贝尔草原以每年2%速度退化,其中煤炭采掘过程中剥离的松散沙土在风力作用下掩盖农田与草地是造成草原退化的重要原因之一[14]。2000—2009年,伊敏露天矿煤炭开采造成地下水水位累积下降27.2 m,产生固体废物约4.5万t[15]。由此可见,内蒙古东部草原矿区生态问题治理刻不容缓。

煤矿从规划开采到衰退关闭生命周期长达百年。煤炭资源大规模开发利用的过程中产生的生态效应具有时间累积性和空间延展性。当累积效应超过区域生态环境容量,将会给地域自然及社会生态系统带来不可逆转的破坏。依据外部条件的影响程度和当地的社会系统的特征,可以表现出不同的生态累积效应过程和结果。就我国干旱半干旱地区的草原生态系统而言,在一定时间内,生态系统的结构和功能处于相对稳定状态,在受到工业、放牧及采矿等外部活动长期干扰时,草原生态系统平衡被打破,部分生态系统组分能够通过自我调节恢复到初始的稳定状态,关键组分一旦超过安全阈值则难以恢复,甚至会影响其他相关组分的稳定性[16],导致生态系统结构及功能发生改变,生态系统产生动态演变。因此,煤矿发展过程与草原生态系统演变的相互关系是值得研究的学术理论问题。

生态监测评估、景观重建等研究的兴起以及遥感、传感等技术手段的不断发展,为干旱半干旱草原矿区生态效应的系统研究提供了理论基础和技术支撑[17-19]。但现有研究重点在于生态要素监测、污染评价方法及生态效应协同机理等方面[20-22]。生态累积效应过程的长期性和内容涉及的宽泛性的特征决定了生态累积效应的分析过程需要广泛的理论基础和合适的研究时段。关于生态累积效应研究,多数关注局部地区某一时间点的地表生态要素表征分析[23,24],而对于其他生态要素、区域整体生态效应累积程度的影响研究较少。矿产资源开采不同阶段产生的生态效应存在差异,开采过程中产生的隐性生态问题不会即时显露出来,通过累积或与其他社会、生态问题交互作用到一定程度才会显露出来。因此,在考虑时空尺度的前提下,结合煤矿生命周期理论,定量分析不同生命阶段矿区生态效应状况,有利于掌握矿区生态状况并及时采取相应的修复措施,同时为具有相似开采规模和条件的煤矿提供生态修复实践借鉴和指导。

本书以内蒙古东部大型矿区为研究对象,解析矿区发展与草原生态演变关系,剖析草原矿区生态要素累积响应特征,定量分析草原矿区的植被演变、土地覆被变化、场地地表生态变化的累积效应,一方面系统总结了草原矿区生态累积效应机理,为进一步开展草原区煤炭开采生态累积效应相关研究提供理论参考,另一方面及时了解掌握蒙东草原煤炭开采区域生态状况并及时提出应对修复措施,同时为类似草原矿区生态累积效应量化提供方法参考。

1.2 生态累积效应相关研究进展

1.2.1 生态累积效应概念

累积,指积累、层层递加。根据已发表文献,"累积效应"一词最早出现于20世纪20年代,Warren研究不同时间间隔条件下X射线暴露的累积效应时提出[25]。此后50多年主要应用于生物学、物理学等问题的研究[26-28]。到20世纪70年代,随着美国政府对建设工程项目所产生环境影响的重视,政府机构开始对生态问题的累积效应开展研究,美国环境质量委员会对累积效应定义为"当某一目的与过去、现在和未来可以合理预见的项目结合在一起时对环境产生的增加的影响"[29]。加拿大、英国和澳大利亚等环保机构分别对累积效应评价从法律和制度给予规定和要求[30-32]。20世纪80年代,经济学、地理学、农业资源利用等各领域开始关键问题的累积影响研究。关于累积效应内涵的解释,生物学领域强调缓慢的、长期的、微量的变化达到生命体饱和度而引起的某种症状[26],物理学领域强调微小的、多次的影响引起的某种现象扩大[33],地理学领域强调人类活动对环境产生的时空影响。地理学领域普遍认为累积效应是由多个人类活动在时空相互作用下对环境产生的结果,这些结果可能是正面的或负面的,相加或相互作用的,并可能具有社会、经济或环境的影响[34,35]。

生态累积效应,也称累积生态效应或累积环境效应[36]。由于研究对象及研究目的的差异性,学者对于生态累积效应概念的解释不尽相同。Geppert等从土地利用的角度解释生态累积效应为土地利用活动造成的环境变化与自然生态系统在时间和空间上的相互作用[37],林桂兰等定义累积生态效应为海湾生态系统受到过去、现在的外力作用和未来可预见的外力作用(强调人类对资源的开发利用活动和自然灾害)下所发生的响应与变化结果,且各种变化之间具有高度的相关性(表1-1)[38]。从定义解释可以看出,生态累积重视人类活动和社会系统干扰的影响,同时强调影响效果的时空累加性,内容涉及景观格局、湿地、流域开发、资源开采等方面,生态累积效应的内涵与研究内容密切相关,因此,许多学者认为应避免具体的、特定的描述生态累积效应的内涵,可根据研究需要在实际应用中确定。

表 1-1　生态累积效应概念解释

作　者	研究内容	概念解释
Geppert 等[37]	Land use	Environmental changes caused by land use activities in time and space interactions with natural ecosystems
Sawidis 等[39]	Soil heavy metal	Heavy metals in soil are accumulated in organisms for a long time and affect some organisms
邵成[40]	湿地生态系统	人类对环境和社会系统的干扰可能引起的累积性环境影响
吴健等[41]	流域开发环境影响	环境影响在时间与空间方面的累积效应,累积环境影响相对单一项目在一段时间的环境影响而言,具有叠加、协同作用和时间滞后、边界扩大等效应
林桂兰等[38]	海湾资源开采生态变化	海湾生态系统受到过去、现在的外力作用和未来可预见的外力作用(强调人类对资源的开发利用活动和自然灾害)下所发生的响应与变化结果,且各种变化之间具有高度的相关性

1.2.2　生态影响范围确定

如何根据各要素确定生态影响范围是进行生态评价的关键,包括直接影响范围和间接影响范围。确定影响评价范围时,需同时考虑胁迫因子及生态后果,在影响范围确定后,生态评价、影响预测及可视化表达等研究才能展开[42]。评价范围是否合适,将会直接影响评价结果。关于生态影响评价范围的确定,国家和学者从政策和学术两个角度给予规定和建议。

政策方面,美国生态影响评价范围主要是由项目主管机构和相关联邦、州、地方、公众等公共参与确定的[43];加拿大环境管理部门建议,通过多种途径划定生态影响评价的范围,即研究以往的资料及实例、参考环境评价管理条例、公众参与商议等[44];我国国家环境部门通过技术标准确定生态类项目的生态影响评价范围,如《环境影响评价技术导则 生态影响》[45]《环境影响评价技术导则 陆地石油天然气开发建设项目》[46]和《环境影响评价技术导则 地下水环境》[47]等规定评价区域或项目的生态影响范围。学术方面,学者通过结合相关理论,借助模型、GIS 软件,并结合国家生态保护政策等方面确定生态影响范围。Treweek 等从保护栖息地及其相关物种的角度采用战略性评估方法(SEcA)研究了县级公路的生态影响范围为 1 km²[48];王海云等运用遥感技术和分形理论研究方法计算观音堂水电工程以水库淹没区为轴线,东西两侧 1 500 m、上游至走马岭"V"形深谷及两侧 900 m、面积约 67.4 km² 相对孤立的生态系统区域为生态影响评价范围[49];杨洪斌等借助 Austal 2000 模型估算了"烟塔合一"项目不同季节的大气评价等级与评价范围[50]。

生态影响范围一般不受行政边界限制。煤炭开采产生的影响及效应在空间上不仅包括矿山开发的实施区域,还会扩展延伸到实施区域以外区域。如生态系统遭到破坏所引起的生态问题可能通过各种途径被传递到相邻的地区,矿山排放的废水也可能对周边环境地表水和地下水系统造成影响等。因此,在对矿区生态环境进行研究时,影响范围应根据研究目的来确定,同时可以借助相关模型及软件。

1.2.3 生态累积效应评价

（1）模型

数学模型作为生态评价常用手段,一直是学术界较为活跃的研究领域。20 世纪 70 年代开始,生态模型期刊创办、国际生态模型协会成立及全球生态模型会议召开使数学模型在全球生态研究方面得到广泛的应用和认可。生态模型主要包括表征模型、评价模型、预测模型、趋势模型[51]。表征模型有生态累积效应模型、高光谱遥感识别模型等,评价模型有土壤-植物-大气系统模型、生态系统演替模型等。宏观尺度下生态系统演变、景观格局变化[52,53],微观尺度下土壤水分、重金属迁移规律分析[54,55],都可通过构建生态模型实现评估、预测、分析。

（2）网络分析法与专家咨询法

网络分析法是通过构建树图表达原因、过程及结果之间的关系,从而计算单个影响产生的可能性的方法,主要包括因果网络法和影响网络法两种形式,但只能表达单个时间和空间的概念。因果关系和影响联系的网络关系构建一般经过专家研讨,分析累积效应的因果规律,但对于累积方式(叠加或交互)只能做定性分析,不能实现累积因素和方式的时空分析。通常这两种方法结合使用,作为累积效应影响分析过程的一部分,在实际应用中结合其他方法实现累积效应评价[56]。

（3）情景分析法

情景分析法则针对规划方案的实施前和实施后,处于不同时间、条件下的环境现状,按时间进行描绘。这种方法既能够反映、比较各规划方案下产生的环境后果,同时为评价人员在具体评估过程中对于一些活动或政策可能产生的影响及生态环境风险提供预示[57]。实际应用过程中,每一套环境影响评估的框架只能用于一种情景,且其常与其他方法相结合使用,比如 GIS、模型法或矩阵法等[58,59]。

（4）地理信息系统(GIS)

GIS 能够实现数据的存贮、检索和空间可视化表达。将 GIS 应用于累积效应分析,不仅能够实现各时间节点的效应分析,同时能够对比分析不同时间节点效应的空间变化,了解重点变化的时点及区域。GIS 的缺点是不能实现累积过程的分析,同时不能获取或确认产生累积的因果关系[60,61]。

（5）交互矩阵法

该方法通过将规划的目标、指标、方案及环境因素分别作为矩阵的行与列,以相应位置的符号、数字及文字来表示环境行为与因素之间的相互关系,从而直观地表达交叉及因果关系,但缺乏时间及空间的解决方法,尤其是空间方面的分析。目前,交互矩阵法是应用较为广泛的矩阵法。此方法基于各种累积现象的认识,较好地分析累积过程,进而更好地分析及计算其相互关系。若能够清楚地理解作用机理,则易获取较好的累积影响程度计算结果。然而已有研究未能全面考虑结构及功能的变化,同时对累积时间的考虑并不充分[62]。

1.3　干旱半干旱草原矿区生态演变研究历程

1.3.1　矿区与草原矿区

由于认识和应用目的的差异,关于矿区(mining area)内涵具有多种解释。采矿规划强调矿区由若干矿井及其附着设施组成,即采矿工业涉及的相关地域空间,一般为地下埋藏的矿产资源开采及其地表影响范围,空间上具有有限性和连续性[63]。行政管理部门则认为矿区是井田及其所属行政机构的合称[64]。而多数学者明确指出矿区是基于矿物开采和加工等相关产业发展,促使人口聚集形成的社区,即特定地理空间范围内的社会群体所在的区域,并具有自身的特征[65]。从上述概念可以看出,矿区具有区域性、矿业主导性和社会性三个基本特征。

蒙古达尔汗乌勒省 Baganuur Coal Mine[66]、肯特省 Sharyn Gol Coal Mine[67],中国内蒙古的胜利露天矿[68]、大雁井工矿[69],美国怀俄明州 Antelope Rochelle Mine[70]、Black Thunder Mine[71] 和加拿大阿尔伯塔省 Highvale Mine[72]、萨斯喀彻温省 Estevan Coal Mine[73] 等,这些区域既是草原又是矿区。关于草原矿区的内涵,国内外学者并没有明确的解释,根据我国草原煤矿的分布,结合学者、环保机构等对草原煤炭开采引起的生态问题进行的学术研究[74-76]、专利申请[77] 及技术规范[78,79] 可以看出,草原矿区具有三个基本特征:第一,处于干旱半干旱气候区,地表植被形态以草本植物为主;第二,重要的草原放牧区,畜牧业在区域经济中占重要地位;第三,地下蕴藏有一定储量、一定种类的矿产资源的区域,并且在开采区域内形成相对完善的生产及生活设施。中国草原-牧区-煤矿大致分布如图 1-1 所示。

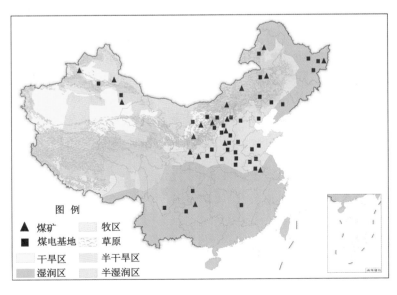

图 1-1　中国草原-牧区-煤矿大致分布

1.3.2　草原矿区生态研究历程

关于草原矿区生态的研究最早开始于 20 世纪 20 年代,研究内容为煤炭开采引起草原土壤侵蚀污染[80]。1937 年、1940 年英国、美国等相继提出保护人为干扰(煤炭开采等)下的草原资源[81,82],但这一时期关于生态问题研究相对较少。20 世纪 70 年代,除了燃煤发电对大气、水质及整个草原系统[83]的污染研究以外,生态要素如土壤微生物等对煤炭开采的影响[84]成为新的研究内容。20 世纪 80 年代开始,草原自然生态系统恢复理论[85]及矿山复垦[86]、植被恢复[87]、土壤微生物修复[88]等技术逐渐成为学者研究的重点。20 世纪 90 年代,生态环境评估、地貌演化模拟[89]、草原生境预测[90]等出现表明矿区生态开始量化研究。近 30 年,研究的内容更加广泛,如有机碳成为新的热点[91],监测方法和数据库建设趋于完善[92]。

20 世纪 70 年代到 20 世纪末是我国内蒙古大型煤矿建设初期阶段(大雁井工矿 1970 年建矿、胜利一号露天矿 1979 年建矿、宝日希勒露天矿 1998 年建矿),处于煤炭开采初期的矿区及周围生态影响不太明显,学者对区域生态的研究重在矿区水、土、植被等要素调查[93]、遥感监测[94]、环境影响评估[95]以及理论研究阶段。21 世纪初,随着煤矿发展、投资建设规模的扩大,地表塌陷、草场退化、生物多样性减少、荒漠化等生态问题突显,研究重点为草原生态健康、生态安全评价及生态风险评估[96,97]等,同时开始尝试矿区生态修复。目前,多数矿区处于稳产发展阶段,土地复垦、土壤修复、水污染治理、植被恢复等工程技术措施及可持续发展管理是研究的热点。

1.3.3　草原矿区生态要素

（1）矿区生态因子

矿区生态系统是由自然环境系统、社会环境系统和经济环境系统组成的复合生态系统,因此,综合评价矿区生态环境影响时,多数学者都会考虑这三方面的指标。除一般的矿区水、土、植被、经济、社会等指标外[98],由于地质、气候等自然条件差异性,指标选取上侧重点有所不同,干旱半干旱区生态较为脆弱,采矿对水、植被等生态要素影响较为明显,断裂带高度与含(隔)水层空间关系、沙化面积、植被覆盖度等是重要的生态指标;高潜水位区,潜水位、农田林网等[99,100]受采矿影响较为明显;地质灾害频发区,矿区生态评价则选取崩塌、滑坡、地形地貌等指标。处于不同发展阶段的煤矿,评价指标也存在差异。煤炭开采环境预评估指标有迁移规模、预计产业情况、政府干预程度等[101],达产期的煤矿环境评价选取指标则包括地形地貌、植被覆盖度、生物多样性等[102],闭矿后多数进行土地复垦适宜性评价,则从土壤理化性质、重金属含量、水质情况、闭矿年限等方面确定指标[103-105]。

（2）草原矿区生态要素

草原生态指标能够以量化形式反映草原生态环境局部或者某一方面的特征和状态,能够刻画草原表面生态和环境的生物、物理与化学参数。因此,通过选取草原生态适宜指标能够更好地了解草原的变化趋势。综合分析现有的草原生态指标,部分学者依据草原生态系统的特征,分别从物质环境、结构及功能方面选取基础生态要素(如水环境、土壤环境、大气环境及其他生物环境等)、种群结构、景观结构、生产生态功能等指标[106];部分学者则从草原的生产、生态两大功能选取畜产品单位、植被覆盖度、废弃物处理情况、固碳吐氧量、生物多样性等指标[107-109];另外学者则将草原划分为典型草原、草甸草原、荒漠草原及高寒草原,分别选取各类型草原的生态指标,如典型草原区的草地覆盖率、理论载畜量、海拔高度、湿润度、草原退化率、生物温度、降水、可能蒸散率[110,111],草甸草原区的叶面积指数、物种综合优势比、物种丰富度、地上生物量[112,113],荒漠草原区的年降水量、干燥度、大风日数、土壤腐殖层厚度等[114,115]以及高寒草原区的优势物种覆盖度、土壤有机质含量、土壤深度、景观优势度、破碎度与草地覆盖度等指标[116,117]。

草原矿区生态系统是涵盖社会、经济、生态和资源为一体的复合大系统。学者对草原矿区生态的关注重点是生态服务功能及生态健康的评价。从活力、结构和恢复力三个方面出发选取生态要素,具体指标涉及生态功能、资源功能、地下水组织结构、植被景观结构、土壤系统结构、环境治理和系统保护等方面。草原矿区景观格局中,草地、沙地、水域等面积变化作为显性的指标,能够直观反映采矿活动产生的生态影响,但一些隐性指标存在的生态风险在短期内不易察觉,其显化需要过程。因此,分析生态要素指标及其特性是草原矿区生态累积效应研究的关键。

1.4 矿区生态累积效应趋势

1.4.1 矿区生态累积效应

考虑煤炭开采宏观生态影响,王行风等认为矿区的生态累积效应是各种生态效应在时空尺度上的累积,是矿区生态环境系统在过去、现在和未来可预见的外力作用,其中主要是与煤炭资源开采相关的人类活动的影响、产生的响应及变化结果,而各种变化间同时具有一定的相关性,呈现时空两方面的表现特征,且形式复杂[118]。从地球化学的微观角度来讲,赵元艺等认为累积环境影响是指元素在金属矿集区开采前、开采过程中、闭坑后几个时间段内的元素迁移、沉淀及在特定环境下综合作用的总体效应[119]。总体上来讲,探究草原矿区生态累积效应,需要宏观分析煤矿在投产、达产、丰产、稳产及衰退各个阶段的土地覆被、植被演变效应,同时微观分析关键生态要素在整个生命周期的迁移及沉淀效应。

1.4.2 矿区生态累积效应特征

煤炭资源开发的时间持续性、空间扩展性和人类活动强干扰性,使矿区生态累积效应显著,主要表现为地形地貌改变、景观格局转变、水土流失加剧、植被退化和土壤重金属污染等,具有以下特点:

(1)多源性。矿区所在区域自然条件,如干旱半干旱区降水少气候干燥、高潜水位区地下水水位较高、黄土高原矿区地表土壤质地疏松等要素是区域煤炭开采负面累积生态效应的重要影响因素。矿区包括生产管理及生活服务等设施。煤炭开采和加工过程中排放的废水、废气及固体废弃物,都会引起矿区的生态问题。矿区居民生活过程中污染物的排放也是重要的生态影响因素。煤炭相关产业,如坑口电厂建设、火力发电对矿区生态要素污染贡献不容忽视[120]。

(2)复杂性。作为人类生态系统一部分的矿区生态系统,是以煤炭资源开发为主导的经济、社会和自然复合的生态系统,它表现为矿区内的经济、社会、工程、生态、自然等部分之间相互作用、融合而形成的统一体。它是一个多层次、多目标和多功能的动态系统,包括了经济、社会和自然三个子系统,经济子系统利用区内各种资源生产出满足社会需要的各种产品;社会子系统以满足居民生活的各种需求为目标,为经济子系统提供智力支持。矿区复合生态系统一方面需要从外部输入内部系统所需要的物质和能量,和外部系统交流,从而保证系统内部能流、物质流的正常循环和运转;另一方面需要保证内部物质流和信息流的畅通。内外之间存在非常密切的联系,外部功能通过内部物流、能流的协调运转来实现,内部功能需要从外部导入的物质、能量以满足自身的需求[121]。

（3）时空累积性。煤炭开采阶段引发的地表沉降变形,随着时间的增加,变形范围会持续扩大,变形程度也持续加深;输出的废水、固体废物等在时间尺度上具有持续性,且每次对环境不利影响的时间间隔远远小于环境系统自身恢复所能消纳的时间间隔,从而发生时间累积效应;在矿区内,往往存在着多个生产矿井进行煤炭开采排放废水、多个选煤厂进行煤炭加工排放废水和粉尘、多个发电厂燃烧煤炭排放污染性气体和粉尘颗粒等,从而产生空间尺度的累积效应。开采阶段根据生产需要生产矿井和其他配套工程、设施的持续建设在空间上也表现出强烈的空间扩展性,使煤炭开发活动影响的空间范围不断扩大,从一个生产矿井范围到整个矿区范围或更大的区域范围[122]。

（4）阈值性。生态阈值是生态的不连续性,暗示系统从一个稳态跃入另一个稳态时独立变量的关键值[123],包括生态阈值点和生态阈值带两种类型。生态阈值点前后,生态系统的特性、功能或过程发生迅速的改变;生态阈值带暗含了生态系统从一种稳定状态到另一种稳定状态逐渐转换的过程[124],即预警阈值。矿区负面生态效应的累积在预警阈值之内时,生态系统处于量变阶段,但当其累积达到或超过阈值点,系统的特性、功能发生迅速改变,发生质变。

1.4.3　矿区生态累积效应评估

关于矿区生态问题研究具有要素单一性和研究时段性。生态要素方面,矿区水、土壤、植被、大气等是研究的重点,白中科等采用 RS、GIS 等技术探究了煤炭开采对土壤侵蚀及土地利用的影响[125],卞正富、张国良等研究了煤炭开发对水文系统及土壤的破坏[126],王力等概述了煤炭开采对地下水及植被的影响[127]。研究时段方面,主要重在分析某一时间节点或者时期内矿区的生态问题,陈龙乾等结合遥感影像分析了 1987 年、1994 年和 2000 年徐州矿区土地利用类型[128],李根生等研究了准东矿区邻近奇台绿洲 1983—2013 年地下水位变化[129],刘雪冉、胡振琪等分析了 2000 年、2005 年和 2010 年呼伦贝尔煤炭开采造成的草原退化[130]。地理区位方面,学者分别研究了沙漠滩地矿区、平原矿区、黄土高原矿区、高潜水位矿区、低山丘陵矿区、草原矿区的生态问题。生态累积特征的复杂性和时空累积性的特征决定矿区生态效应的研究不能局限于某一时间点或时间段的一种生态要素,而要从煤炭生命周期重要阶段(如开采初期、丰产期、衰退期等)出发,研究矿区生态系统各要素相互作用共同产生的累积效应。

由于煤矿区生态破坏较为严重、恢复较为困难,因此一直是生态学和生态环境评价领域研究的重点及热点。20 世纪 60 年代,学者开始进行矿区生态评价,内容主要涉及生态环境质量、生态环境服务功能两个方面的评价,其中,环境质量、生态安全、生态风险、生态退化、利用效益等是主要的研究切入点[131]。20 世纪 70 年代,英国、美国、德国等相继将矿山生态评价作为矿业活动的重要事务,并采用法规的形式强调进行矿业生态问题预评估是采矿活动必须进行的工作步骤。在我国,由于经济发展水平的制约,煤炭开采的生态环境影响评价工作晚于国外近 10 年,已完成多个矿区环境影响评价项目且形成相关评估报告书,总结出不同矿区的生态环境特征,建立了生态环境评估的指标体系,提出了有益的评价方法和评估模型等。

1.4.4 文献评述

国内外关于生态累积效应的研究相对较多。理论方面,解释了生态累积效应的概念及特征、煤矿区生态累积效应的影响源识别、累积途径及效应类型;方法方面,主要包括地理信息系统、系统动力学、解释结构模型等定量与定性方法;涉及区域方面,包括流域、湿地、煤矿区等。但是,关于草原区煤炭资源开发的生态累积效应研究相对较少,已有研究只是针对草原区煤电开发的生态累积效应识别的理论研究,并没有系统性进行草原矿区生态累积效应机理分析。而草原矿区生态累积效应程度如何?已有模型方法是否适合草原矿区生态效应的定量分析?这些问题并没有深入研究。因此,总结草原矿区生态累积效应理论、定量评估草原矿区生态效应累积程度是亟须解决的理论与实践问题。

1.5 研究内容与思路框架

1.5.1 研究内容

本书针对内蒙古东部煤炭长期开采引起的生态累积问题,通过分析矿区发展与草原生态演变的关系、草原矿区生态累积特征及关键生态要素的累积响应特点,总结草原矿区生态累积效应机理;宏观尺度分析内蒙古东部 25 个矿区开采前后植被覆盖变化趋势,明晰草原矿区植被演变累积效应;中观尺度对比分析宝日希勒露天矿、伊敏露天矿、胜利一号露天矿开采前后土地覆被变化及生态储存效应,探究草原矿区土地覆被效应累积程度;微观尺度重点评估宝日希勒露天矿全生命周期阶段场地生态质量及土壤质量状况,明确草原矿区场地生态质量累积响应程度。具体研究内容如下:

(1) 草原矿区煤炭开采生态累积效应理论研究。阐述煤矿发展对草原生态系统演替的影响,分析草原矿区生态累积效应特征及内容,解释关键生态要素累积响应特点,应用弹性模型分析草原矿区生态承载力,总结草原矿区生态累积效应机理。

(2) 内蒙古东部 25 个矿区植被演变生态效应。在分析蒙东生态安全基础上,结合 GIMMS NDVI 3g 数据,运用最大值合成法及趋势线分析法,分析了 1981—2015 年蒙东地区大尺度植被覆盖度累积变化特征,重点探究了 25 个大型矿区及其缓冲区的植被覆盖度时空变化趋势,通过温度、降水、采矿影响因素的相关性分析,初步获取了各矿区植被覆盖度变化的主要影响因素。

(3) 内蒙古东部大型露天矿土地覆被变化及生态累积效应。基于 Landsat 数据,选取具有相似自然条件、相近建设规模、相同开采方式、不同开采历史的三个大型露天矿,即宝日希勒露天矿、伊敏露天矿、胜利一号露天矿,对比各矿区开采前及开采现状的生态储存条件、生态储存过程、生态储存能力、生态储存格局及生态储存条件指标,综合评价对比各矿区土地利用变化引起的生态储存效应。

（4）宝日希勒露天矿生态累积效应定量分析。首先，分析了宝日希勒露天矿生态安全状况。其次，在宝日希勒露天矿生命周期阶段划分的基础上，从场地结构、空间格局及生态功能三个方面选取生态质量评价指标，评估各生命周期阶段的矿区场地生态质量状况及空间演变。最后，结合矿区土壤生态风险评价结果，确定矿区地表生态响应趋势，划定宝日希勒露天矿区地表生态影响范围，提出应对策略。

1.5.2　研究思路

以内蒙古东部干旱半干旱草原矿区生态累积效应为研究目标，在解释草原矿区生态累积效应机理的基础上，分别从宏观（蒙东 25 个矿区）、中观（3 个大型露天矿）、微观（宝日希勒露天矿）不同尺度，进行草原矿区植被演变、土地覆被变化及场地生态质量变化的累积效应定量分析，研究思路如图 1-2 所示。

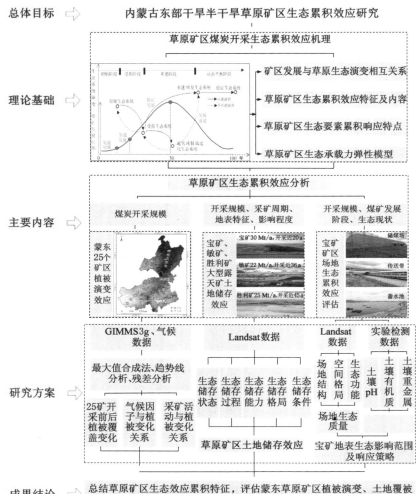

图 1-2　研究思路

参考文献

［1］潘庆民,孙佳美,杨元合,等.我国草原恢复与保护的问题与对策[J].中国科学院院刊,2021,36(6):666-674.

［2］国家统计局.2015中国统计年鉴[M].北京:中国统计出版社,2015.

［3］内蒙古自治区统计局.2021内蒙古统计年鉴[M].北京:中国统计出版社,2021.

［4］何佳.扎赉诺尔历史文化遗存利用现状及其对策研究[J].国土与自然资源研究,2016(4):61-63.

［5］STEARNS M,TINDALL J A,CRONIN G,et al. Effects of coal-bed methane discharge waters on the vegetation and soil ecosystem in powder river basin, Wyoming[J]. Water,Air,and Soil Pollution,2005,168(1/2/3/4):33-57.

［6］SHANG C W,WU T,HUANG G L,et al. Weak sustainability is not sustainable: socioeconomic and environmental assessment of Inner Mongolia for the past three decades[J]. Resources,Conservation and Recycling,2019,141:243-252.

［7］伊如,石硕.草原地区煤炭资源开发中的生态环境问题之思考:以锡林郭勒盟为例[J].价值工程,2015,34(26):249-251.

［8］安路蒙,王靖.内蒙古:全力整改草原生态环境问题[N/OL].经济参考报,2019-04-11[2021-7-12].http://www.xinhuanet.com/2019-04/11/c_1124350981.htm.

［9］中华人民共和国国务院.关于加强草原保护修复的若干意见[EB/OL].(2021-03-12)[2022-06-01].http://www.gov.cn/zhengce/content/2021-03/30/content_5596791.htm.

［10］袁井香,田晓超.产能过剩背景下煤炭企业生产经营情况调查:以内蒙古为例[J].北方经济,2015(12):40-43.

［11］冯海波.内蒙古呼伦贝尔草原露天煤矿区地下水系统演化研究[D].呼和浩特:内蒙古大学,2017.

［12］王广军,胡振琪,杜海清,等.采矿扰动下草地荒漠化的遥感分析:以霍林河露天煤矿区为例[J].遥感学报,2006,10(6):917-925.

［13］马永茂,鞠兴军.呼伦贝尔市矿山地质环境问题及防治措施[J].露天采矿技术,2012,27(1):85-88.

［14］李政海,鲍雅静,张靖,等.内蒙古草原退化状况及驱动因素对比分析:以锡林郭勒草原与呼伦贝尔草原为研究区域[J].大连民族学院学报,2015,17(1):1-5.

［15］李天昕,刘祥,毕盈,等.伊敏露天矿地下水资源环境影响后评价方法及理论研究[J].环境影响评价,2014,36(6):50-53.

［16］何迺维,贡克平."生态平衡"析[J].农村生态环境,1985,1(3):47-48.

［17］王瑞.基于GPRS的草原生态远程监测系统监测中心的设计与实现[D].呼和浩特:内蒙古大学,2009.

［18］董永平,吴新宏,戎郁萍,等.草原遥感监测技术[M].北京:化学工业出版社,2005.

［19］李凤贤.无人机技术在草原生态遥感监测中的应用与探讨［J］.测绘通报,2017(7):99-102.

［20］WU Z H,LEI S G,HE B J,et al. Assessment of landscape ecological health:a case study of a mining city in a semi-arid steppe［J］. International Journal of Environmental Research and Public Health,2019,16(5):752.

［21］LI X,LI X B,WANG H,et al. Spatiotemporal assessment of ecological security in a typical steppe ecoregion in Inner Mongolia［J］. Polish Journal of Environmental Studies,2018,27(4):1601-1617.

［22］GAO Y F,LIU H L,LIU G X. The spatial distribution and accumulation characteristics of heavy metals in steppe soils around three mining areas in Xilinhot in Inner Mongolia,China［J］. Environmental Science and Pollution Research International,2017,24(32):25416-25430.

［23］关春竹.锡林浩特市煤炭露采对草原景观格局及生态系统服务价值影响的研究［D］.呼和浩特:内蒙古师范大学,2017.

［24］康萨如拉.草原区露天煤矿开发对景观格局及生态系统功能的影响:以黑岱沟为例［D］.呼和浩特:内蒙古大学,2012.

［25］WARREN S L,WHIPPLE G H. Roentgen ray intoxication:Ⅱ. the cumulative effect or summation of X-ray exposures given at varying intervals［J］. The Journal of Experimental Medicine,1923,38(6):725-730.

［26］PORRITT N. Cumulative effects of infinitesimal doses of lead［J］. British Medical Journal,1931,2:92-94.

［27］BRAGG VERNON C. Cumulative effects of repeated exposure to high-intensity tones upon recovery of auditory sensitivity［J］. Journal of Speech Language and Hearing Research,1963,30:1-13.

［28］TIKHONCHUK V S. Cumulative effect in microwave irradiation［J］. Biology Bulletin of the Academy of Sciences of the USSR,1978,5(3):351-353.

［29］The Council on Environmental Quality (CEQ). Considering cumulative effects under the National environmental policy act［R］. New York,1997.

［30］DUBÉ M G. Cumulative effect assessment in Canada:a regional framework for aquatic ecosystems［J］. Environmental Impact Assessment Review,2003,23(6):723-745.

［31］COOPER L M,SHEATE W R. Cumulative effects assessment:a review of UK environmental impact statements［J］. Environmental Impact Assessment Review,2002,22(4):415-439.

［32］PORTER M,FRANKS D M,EVERINGHAM J A. Cultivating collaboration:lessons from initiatives to understand and manage cumulative impacts in Australian resource regions［J］. Resources Policy,2013,38(4):657-669.

［33］李林达,李正绪,孙实源,等.电力变压器短路累积效应研究综述［J］.变压器,2017,54(2):24-31.

[34] ROSS W A. Cumulative effects assessment：learning from Canadian case studies [J]. Impact Assessment and Project Appraisal，1998，16(4)：267-276.

[35] PIPER J M. CEA and sustainable development：evidence from UK case studies [J]. Environmental Impact Assessment Review，2002，22(1)：17-36.

[36] 夏贵菊，何彤慧，赵永全，等. 湿地环境累积效应研究进展[J]. 环境污染与防治，2014，36(9)：79-84.

[37] GEPPERT R R，LORENZ C W，LARSON A G. Cumulative effects of forest practices on the environment：a state of the knowledge[M]. Washington：Washington Forest Practices Board，1984：208.

[38] 林桂兰，左玉辉. 海湾资源开发的累积生态效应研究[J]. 自然资源学报，2006，21(3)：432-440.

[39] SAWIDIS T，BREUSTE J，MITROVIC M，et al. Trees as bioindicator of heavy metal pollution in three European cities[J]. Environmental Pollution，2011，159(12)：3560-3570.

[40] 邵成. 湿地生态系统的累积影响评价[J]. 辽宁大学学报(自然科学版)，1995，22(S1)：100-104.

[41] 吴健，由文辉. 流域累积效应及其评估中存在问题的探讨[J]. 上海环境科学，2002(7)：444-447.

[42] 成文连，刘玉虹，关彩虹，等. 生态影响评价范围探讨[J]. 环境科学与管理，2010，35(12)：185-189.

[43] 冯春涛. 美国环境影响评价制度(EIA)评介[J]. 国土资源，2002(6)：56-58.

[44] ENVIRONMENT N S. A proponent's guide to environmental assessment[R]. Halifax，2014.

[45] 中华人民共和国环境保护部. 环境影响评价技术导则 生态影响：HJ 19—2011[S]. 北京：中国环境科学出版社，2011.

[46] 国家环境保护总局. 环境影响评价技术导则 陆地石油天然气开发建设项目：HJ/T 349—2007[S]. 北京：中国环境科学出版社，2007.

[47] 中华人民共和国环境保护部. 环境影响评价技术导则 地下水环境：HJ 610—2011[S]. 北京：中国环境科学出版社，2011.

[48] TREWEEK J，HANKARD P，ROY D，et al. Scope for strategic ecological assessment of trunk-road development in England with respect to potential impacts on lowland heathland，the Dartford warbler (Sylvia undata) and the sand lizard (Lacerta agilis)[J]. Journal of Environmental Management，1998，53(2)：147-163.

[49] 王海云，王振华. 水利工程建设生态环境影响评价范围的研究[J]. 中国农村水利水电，2011(9)：34-37.

[50] 杨洪斌，张云海，邹旭东，等. 烟塔合一项目大气评价等级和评价范围估算的季节选择[J]. 气象与环境学报，2017，33(5)：103-107.

[51] HOGAN D M，LABIOSA W，PEARLSTINE L，et al. Estimating the cumulative

ecological effect of local scale landscape changes in south Florida[J]. Environmental Management,2012,49(2):502-515.

[52] DONG J H,DAI W T,SHAO G Q,et al. Ecological network construction based on minimum cumulative resistance for the city of Nanjing,China[J]. ISPRS International Journal of Geo-Information,2015,4(4):2045-2060.

[53] BONAN G B, WILLIAMS M, FISHER R A, et al. Modeling stomatal conductance in the earth system: linking leaf water-use efficiency and water transport along the soil-plant-atmosphere continuum[J]. Geoscientific Model Development,2014,7(5):2193-2222.

[54] JANGID K,WHITMAN W B,CONDRON L M,et al. Soil bacterial community succession during long-term ecosystem development[J]. Molecular Ecology, 2013,22(12):3415-3424.

[55] BRISMAR A. Attention to impact pathways in EISs of large dam projects[J]. Environmental Impact Assessment Review,2004,24(1):59-87.

[56] 司训练,张锐,宋泽文. 累积环境影响评价方法研究综述[J]. 西安石油大学学报(社会科学版),2014,23(4):11-16.

[57] 林逢春,陆雍森. 浅析区域环境影响评价与累积效应分析[J]. 环境保护,1999,27(2):22-24.

[58] 裴厦,刘春兰,陈龙. 梯级水电站开发的生态环境累积影响[C]//2014 中国环境科学学会学术年会,成都,2014.

[59] ATKINSON S F,CANTER L W. Assessing the cumulative effects of projects using geographic information systems[J]. Environmental Impact Assessment Review,2011,31(5):457-464.

[60] BALAKRISHNA REDDY M,BLAH B. GIS based procedure of cumulative environmental impact assessment[J]. Journal of Environmental Science & Engineering,2009,51(3):191-198.

[61] CANTER L W,ATKINSON S F. Multiple uses of indicators and indices in cumulative effects assessment and management[J]. Environmental Impact Assessment Review,2011,31(5):491-501.

[62] 钟姗姗. 流域水电梯级开发项目累积环境影响作用机制及评价研究[D]. 长沙:中南大学,2013.

[63] 中国大百科全书总编辑委员. 中国大百科全书:矿冶卷[M]. 北京:中国大百科全书出版社,1984.

[64] 王玉浚,张先尘. 矿区最优规划理论与方法[M]. 徐州:中国矿业大学出版社,1993.

[65] 徐永圻. 煤矿开采学[M]. 徐州:中国矿业大学出版社,1993.

[66] TSEDENDORJ T,BATBOLD B,DAGVA M,et al. Study for pit optimization of Baganuur coal mine's southern section[C]//2007 International Forum on Strategic Technology,October 3-6,2007,Ulaanbaatar,Mongolia,2007:68-69.

[67] MCINTYRE N，BULOVIC N，CANE I，et al. A multi-disciplinary approach to understanding the impacts of mines on traditional uses of water in Northern Mongolia[J]. Science of the Total Environment，2016，557/558：404-414.

[68] 王启瑞，才庆祥，马从安. 景观生态评价方法在胜利露天煤矿环境评价中的应用[J]. 煤炭工程，2007，39(5)：89-92.

[69] 邓燕，苑宏超，邢永胜，等. 大雁矿区地面塌陷监测方式及塌陷发育规律研究[J]. 西部资源，2016(2)：44-45.

[70] SCHLADWEILER B K，VANCE G F，LEGG D E，et al. Topsoil depth effects on reclaimed coal mine and native area vegetation in northeastern Wyoming[J]. Rangeland Ecology & Management，2005，58(2)：167-176.

[71] YAMAMOTO T. Mixing overburden to simulate soil conditions：arco. black thunder mine[C]//The International Congress for Energy and the Ecosystem Held，June 12-16，1978，University of North Dakota.

[72] ZHOU Z，BATEMAN J C，ALEXANDER J B，et al. Highvale mine[J]. Journal of Environmental Quality，1994，23(4)：746-751.

[73] CZARNOGORSKA M，SAMSONOV S，WHITE D. Ground deformation monitoring using RADARSAT-2 DInSAR-MSBAS at the Aquistore CO_2 storage site in Saskatchewan（Canada）[J]. The International Archives of the Photogrammetry，Remote Sensing and Spatial Information Sciences，2014，11：81-87.

[74] 刘小翠，白中科，包妮沙. 草原矿区土地复垦中表土资源管理研究——以内蒙古呼伦贝尔市鄂温克族自治旗伊敏露天矿为例[C]//纪念中国农业工程学会成立 30 周年暨中国农业工程学会 2009 年学术年会，晋中，2009.

[75] 朝鲁孟其其格，萨如拉，马玉兰，等. 锡林郭勒盟草原矿区开发现状及生态治理研究初探[J]. 内蒙古草业，2011，23(4)：12-15.

[76] 白淑英，吴奇，沈渭寿，等. 内蒙古草原矿区土地退化特征[J]. 生态与农村环境学报，2016，32(2)：178-186.

[77] 申茂军. 生物笆技术恢复草原矿区植被的方法：CN106305030A[P]. 2019-01-25.

[78] 内蒙古自治区农牧业厅. 生物笆恢复草原矿区植被技术规范：DB 15/T 566—2013[S].

[79] 内蒙古自治区水利厅. 草原矿区排土场水土保持综合治理技术规程：DB 15/T 1016—2016[S].

[80] FULLER G D. An edaphic limit of forests in the prairie region of Illinois[J]. Ecology，1923，4(2)：135-140.

[81] YODER R E. A direct method of aggregate analysis of soils and a study of the physical nature of erosion Losses1[J]. Agronomy Journal，1936，28(5)：337-351.

[82] FREEMAN O W. Natural resources and urban development[J]. The ANNALS of the American Academy of Political and Social Science，1945，242(1)：30-45.

[83] GORDON C C，TOURANGEAU P C，RICE P M. Investigation of the impact of coal fired power plant emissions upon the disease/health/growth

characteristics of Ponderosa pine skunkbush ecosystems and grassland ecosystems in southeastern Montana[J]. Ecological Research,1978(2):65.

[84] ALLEN E B, ALLEN M F. Natural re-establishment of vesicular-arbuscular mycorrhizae following stripmine reclamation in Wyoming[J]. The Journal of Applied Ecology,1980,17(1):139.

[85] BRENNER F J. Restoration of/natural ecosystems on surface coal mine lands in the northeastern United States[J]. Studies in Environmental Science,1984,25:211-225.

[86] JOHNSON F L,GIBSON D J,RISSER P G. Revegetation of unreclaimed coal strip-mines in Oklahoma:I. vegetation structure and soil properties[J]. The Journal of Applied Ecology,1982,19(2):453.

[87] IVERSON L R,WALI M K. Buried,viable seeds and their relation to revegetation after surface mining[J]. Journal of Range Management,1982,35(5):648.

[88] STAHL P D,WILLIAMS S E,CHRISTENSEN M. Efficacy of native vesicular-arbuscular mycorrhizal fungi after severe soil disturbance[J]. New Phytologist,1988,110(3):347-354.

[89] PARKER S,COCKLIN C. The use of geographical information systems for cumulative environmental effects assessment[J]. Computers,Environment and Urban Systems,1993,17(5):393-407.

[90] LUFF M L,EYRE M D,RUSHTON S P. Classification and prediction of grassland habitats using ground beetles (Coleoptera,Carabidae)[J]. Journal of Environmental Management,1992,35(4):301-315.

[91] KAZAR S A,WARNER T. Assessment of carbon storage and biomass on minelands reclaimed to grassland environments using Landsat spectral indices[J]. Journal of Applied Remote Sensing,2013,7:3583.

[92] SUH S. Developing a sectoral environmental database for input-output analysis:the comprehensive environmental data archive of the US[J]. Economic Systems Research,2005,17(4):449-469.

[93] 侯庆春,汪有科,杨光. 神府-东胜煤田开发区建设对植被影响的调查[J]. 水土保持研究,1994,1(4):127-137.

[94] 刘淑珍,柴宗新,范建容. 中国土地荒漠化分类系统探讨[J]. 中国沙漠,2000,20(1):35-39.

[95] 冯沈迎,阮玉英,高春梅. 呼和浩特市大气中酞酸酯的初步研究[J]. 上海环境科学,1995,14(6):35-36.

[96] 郭美楠. 矿区景观格局分析、生态系统服务价值评估与景观生态风险研究:以伊敏矿区为例[D]. 呼和浩特:内蒙古大学,2014.

[97] 董振华. 基于 DPSIRM 和 SD 模型的草原生态安全评价研究:以锡林郭勒盟为例[D]. 长春:东北师范大学,2017.

[98] 马从安,王启瑞.大型露天矿区生态评价模型研究及应用[J].采矿与安全工程学报,2006,23(4):446-451.

[99] 鲁叶江,李树志,高均海,等.东部高潜水位采煤沉陷区破坏耕地生产力评价研究[J].安徽农业科学,2010,38(1):292-294.

[100] 李晶,刘喜韬,胡振琪,等.高潜水位平原采煤沉陷区耕地损毁程度评价[J].农业工程学报,2014,30(10):209-216.

[101] 索永录,姬红英,辛亚军,等.采煤引起的矿区生态环境影响评价指标体系探析[J].煤矿安全,2010,41(5):120-122.

[102] 陶涛.井工煤矿开采生态环境影响评价指标体系研究及实例分析[D].合肥:合肥工业大学,2012.

[103] 张紫昭,郭瑞清,周天生,等.新疆煤矿土地复垦为草地的适宜性评价方法与应用[J].农业工程学报,2015,31(11):278-286.

[104] 刘喜韬,鲍艳,胡振琪,等.闭矿后矿区土地复垦生态安全评价研究[J].农业工程学报,2007,23(8):102-106.

[105] 王颖杰,武文波,纪洋.矿区废弃地土地复垦安全评价[J].辽宁工程技术大学学报(自然科学版),2009,28(S2):274-276.

[106] 徐大伟,陈宝瑞,辛晓平.气候变化对草原影响的评估指标及方法研究进展[J].草业科学,2014,31(11):2183-2190.

[107] 任继周,胡自治,牟新待.关于草原生产能力及其评定的新指标:畜产品单位[J].中国畜牧杂志,1979,15(2):23-29.

[108] 王云.基于LandsatOLI的坝上草原植被覆盖度反演模型研究[D].石家庄:河北师范大学,2016.

[109] 尹剑慧,卢欣石.中国草原生态功能评价指标体系[J].生态学报,2009,29(5):2622-2630.

[110] 郭中小,郝伟罡,贾利民,等.典型干旱草原生态安全评价[C]//中国水利学会水资源专业委员会2009学术年会,大连,2009.

[111] 李镇清,刘振国,陈佐忠,等.中国典型草原区气候变化及其对生产力的影响[J].草业学报,2003,12(1):4-10.

[112] 吴琼.基于遥感地面协同试验的呼伦贝尔贝加尔针茅草甸草原叶面积指数反演与验证研究[D].呼和浩特:内蒙古师范大学,2014.

[113] 陈宝瑞,朱立博,李刚,等.呼伦贝尔草甸草原不同放牧强度下植被特征分析[J].中国农业资源与区划,2010,31(4):67-71.

[114] 马治华.内蒙古荒漠草原生态环境质量评价研究[D].北京:中国农业科学院,2008.

[115] 红梅,敖登高娃,李金霞,等.荒漠草原土壤健康评价[J].干旱区资源与环境,2009,23(5):116-120.

[116] 马世震,陈桂琛,彭敏,等.青藏铁路沿线高寒草原生态质量评价指标体系初探[J].干旱区研究,2005,22(2):231-235.

[117] 焦全军,张兵,赵晶晶,等.基于航空高光谱影像的青海省玛多县高寒草原景观格

局特征分析[J].草业学报,2012,21(2):43-50.

[118] 王行风,汪云甲.煤炭资源开发的生态环境累积效应[J].中国矿业,2010,19(11):70-72.

[119] 赵元艺,曾辉,徐友宁,等.金属矿集区地球化学环境累积效应的理论与工作方法[J].地质通报,2014,33(8):1106-1113.

[120] 王行风.煤矿区生态环境累积效应研究:以潞安矿区为例[D].徐州:中国矿业大学,2010.

[121] 王行风.基于空间信息技术的煤矿区生态环境累积效应研究[M].北京:测绘出版社,2014.

[122] 王行风,汪云甲,马晓黎,等.煤矿区景观演变的生态累积效应:以山西省潞安矿区为例[J].地理研究,2011,30(5):879-892.

[123] MURADIAN R. Ecological thresholds:a survey[J]. Ecological Economics,2001,38(1):7-24.

[124] 唐海萍,陈姣,薛海丽.生态阈值:概念、方法与研究展望[J].植物生态学报,2015,39(9):932-940.

[125] 白中科,段永红,杨红云,等.采煤沉陷对土壤侵蚀与土地利用的影响预测[J].农业工程学报,2006,22(6):67-70.

[126] 卞正富,张国良,胡喜宽.矿区水土流失及其控制研究[J].土壤侵蚀与水土保持学报,1998,12(4):32-37.

[127] 王力,卫三平,王全九.榆神府煤田开采对地下水和植被的影响[J].煤炭学报,2008,33(12):1408-1414.

[128] 陈龙乾,郭达志,胡召玲,等.徐州矿区土地利用变化遥感监测及塌陷地复垦利用研究[J].地理科学进展,2004,23(2):10-15.

[129] 李根生,曾强,董敬宣,等.准东矿区邻近奇台绿洲地下水位变化趋势分析[J].中国矿业,2017,26(5):148-153.

[130] 刘雪冉,胡振琪,许涛,等.露天煤矿开采对呼伦贝尔草原地类变化研究[J].中国矿业,2017,26(5):69-73.

[131] 田永中,岳天祥.生态系统评价的若干问题探讨[J].中国人口·资源与环境,2003,13(2):17-22.

2 蒙东干旱半干旱草原矿区概况与数据资源

2.1 蒙东草原矿区整体状况

（1）自然地理条件

蒙东地区位于东经 111.2°—126.0°，北纬 41.3°—53.3°，包括呼伦贝尔市、锡林郭勒盟、兴安盟、赤峰市和通辽市五个盟市[1]，下辖 54 个旗县区，区域总面积约为 67 万 km²，占内蒙古自治区总面积的 56%。五盟市大部分地区位于我国干旱、半干旱气候区[2]，年降水量为 200—480 mm[3-7]，降水时空分布极不均匀，多集中在夏季，易形成洪涝及土壤侵蚀。区域平均海拔约 800 m，土地利用类型以草地、林地为主，分别占蒙东土地总面积的 50.66%、30.31%[8]。

（2）社会经济状况

由图 2-1 可以看出，就经济总体变化趋势而言，2001—2015 年，蒙东地区国民生产总值呈现持续增长的趋势，2015 年达到 6 837.13 亿元，2015—2018 年呈现下降趋势，2018—2021 年呈现增长趋势。由图 2-1 可以看出各产业产值变化趋势，2006 年以前蒙东地区第三产业产值较多，但与第一、二产业差距不明显，2006—2016 年第二产业产值明显上升，超过第三产业成为主导产业，第一产业增加趋势不显著。其中，煤炭作为主要的第二产业，其产量整体呈现上升趋势。2009 年蒙东地区原煤产量占内蒙古总产量的 53.66%，2012 年为 53.21%，由此可见，蒙东地区对整个内蒙古自治区煤炭工业的发展贡献量较大。

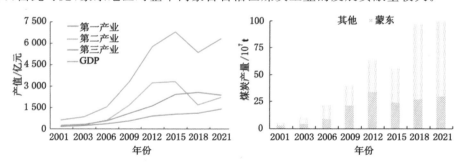

图 2-1 近 20 年蒙东国内生产总值（GDP）及煤炭产量

（3）煤炭开采现状

蒙东煤炭资源形成于早白垩世，大地构造单元为华北陆块区东北缘、天山兴蒙造山系东段及滨太平洋构造域[9]。已探明煤炭储量约 1 100 亿 t，以褐煤为主，煤田规模较大，适用于大规模露天开采。褐煤具有变质程度低、氢含量高、反应活性较好等优点以及高水分、高灰分、高挥发性、热值较低等缺点，可以就地用作发电燃料。主要煤田有锡林郭勒盟的胜利煤田、呼伦贝尔市的扎赉诺尔煤田、陈巴尔虎旗煤田、伊敏煤田、通辽市的霍林河煤田等[10]。

胜利煤田位于锡林浩特市北部,地质储量为214亿t,含煤层面积约为342 km²,目前有4个生产煤矿,分别为胜利一号露天矿、胜利西三号露天矿、胜利东三号露天矿及露天锗矿,其他矿井处于基础建设阶段。霍林河煤田位于哲盟扎鲁特旗境内,含煤层面积约540 km²,已建成南露天矿、北露天矿、扎哈淖尔露天矿、白音华二、三号露天矿等煤矿。陈巴尔虎旗煤田位于呼伦贝尔市海拉尔河北岸、大兴安岭西坡,含煤层面积约为496 km²,建成宝日希勒露天矿、东明露天矿、天顺煤矿、呼盛煤矿、蒙西一井煤矿等。伊敏河煤田位于鄂温克旗境内,含煤层面积约105 km²,建成伊敏露天矿、五牧场井工矿等。根据内蒙古自治区能源局公告显示,截至2021年3月31日,蒙东五盟市年生产能力在30万t以上的煤矿共计48个[11]。

2.2　25个矿区开采现状

2.2.1　25个矿区

根据国土资源部国土资发[2004]208号文《关于调整部分矿种矿山生产建设规模标准的通知》规定的大型矿山生产建设规模,露天矿年原煤产量≥400万t,井工矿年原煤产量≥120万t,蒙东五盟市大型煤矿约25个(图2-2),25个矿具体情况如表2-1所示。年产量超过1 000万t煤矿8个,宝日希勒露天矿、伊敏露天矿、胜利一号露天矿年产量居前三位。

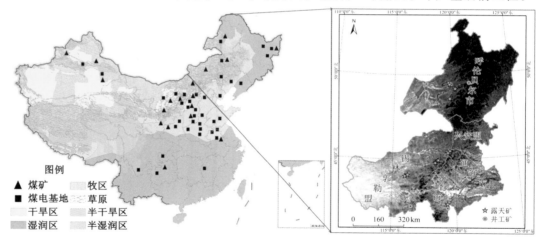

图2-2　蒙东大型煤矿大致分布图

表2-1　蒙东大型煤矿基本情况

序号	煤矿名称	开采方式	行政区位	年生产能力/万t	开建时间/年
1	神华宝日希勒能源有限公司露天煤矿[12]	露天	呼伦贝尔市陈巴尔虎旗	3 500	1998
2	华能伊敏煤电有限责任公司伊敏露天矿[13]	露天	呼伦贝尔市鄂温克族自治旗	2 200	1983
3	扎赉诺尔煤业有限责任公司灵东煤矿[14]	井工	呼伦贝尔市扎赉诺尔区	650	2007
4	内蒙古大雁矿业集团有限责任公司扎尼河露天矿[15]	露天	呼伦贝尔市鄂温克族自治旗	600	2009

表 2-1(续)

序号	煤矿名称	开采方式	行政区位	年生产能力/万 t	开建时间/年
5	扎赉诺尔煤业有限责任公司灵露煤矿[16]	井工	呼伦贝尔市扎赉诺尔区	390	2009
6	扎赉诺尔矿务局铁北煤矿[17]	井工	呼伦贝尔市扎赉诺尔区	360	1983
7	呼伦贝尔呼盛矿业有限责任公司呼盛煤矿[18]	井工	呼伦贝尔市陈巴尔虎旗	180	2006
8	呼伦贝尔蒙西煤业有限公司蒙西一井[19]	井工	呼伦贝尔市陈巴尔虎旗	180	2007
9	陈巴尔虎旗天顺矿业有限责任公司天顺煤矿[20]	井工	呼伦贝尔市陈巴尔虎旗	120	2006
10	内蒙古牙克石五九煤炭(集团)有限责任公司胜利煤矿[21]	井工	呼伦贝尔市牙克石市	120	2012
11	中国神华能源股份有限公司胜利一号露天矿[22]	露天	锡林郭勒盟锡林浩特市	2 000	1974
12	内蒙古锡林郭勒白音华煤电有限责任公司露天矿[23]	露天	锡林郭勒盟西乌珠穆沁旗	1 500	2004
13	内蒙古白音华蒙东露天煤业有限公司白音华煤田三号露天矿[24]	露天	锡林郭勒盟西乌珠穆沁旗	1 400	2005
14	大唐国际发电股份有限公司胜利东二号露天煤矿[25]	露天	锡林郭勒盟锡林浩特市	1 000	2007
15	内蒙古西乌旗白音华一号露天煤矿[26]	露天	锡林郭勒盟西乌珠穆沁旗	700	2005
16	内蒙古白音华海州露天煤矿[27]	露天	锡林郭勒盟西乌珠穆沁旗	500	2006
17	内蒙古白音华四号露天矿二期工程[28]	井工	锡林郭勒盟西乌珠穆沁旗	500	2006
18	内蒙古多伦协鑫矿业有限责任公司多伦矿[29]	井工	锡林郭勒盟锡林浩特市	120	2006
19	内蒙古霍林河露天煤业股份有限公司一号露天矿[30]	露天	通辽市霍林郭勒市	1 800	1981
20	内蒙古霍林河露天煤业股份有限公司扎哈淖尔露天煤矿[31]	露天	通辽市扎鲁特旗	1 800	1999
21	内蒙古源源能源集团有限责任公司金源里煤矿[32]	井工	通辽市霍林郭勒市	120	2008
22	平庄煤业(集团)有限责任公司元宝山露天煤矿[33]	露天	赤峰市元宝山区	800	1990
23	内蒙古平庄能源股份有限公司风水沟煤矿[34]	井工	赤峰市元宝山区	210	1979
24	内蒙古平庄能源股份有限公司老公营子煤矿[35]	井工	赤峰市元宝山区	180	2004
25	内蒙古平庄能源股份有限公司六家煤矿[36]	井工	赤峰市元宝山区	180	1990

2.2.2 宝日希勒露天矿

（1）矿区自然经济概况

宝日希勒露天矿（宝矿）位于内蒙古自治区呼伦贝尔市陈巴尔虎旗境内，东经119°23′56″—119°36′23″，北纬49°19′24″—49°25′31″，东南距宝日希勒镇 10.5 km，南距呼伦贝尔市海拉尔区 20 km（图2-3）。地处呼伦贝尔高原，北部及东北部与低山丘陵相接，地势北东高南西低，海拔标高为 601.88—724.09 m，矿区内地形起伏呈缓坡状。矿区气候属寒温带大陆性季风气候，年均降水量 301.3 mm，蒸发量 1 525.6 mm。露天矿境界外有海拉尔河、莫勒格尔河两条地表河流。莫勒格尔河位于宝日希勒矿区西北部，自北东向南西流经露天矿北部注入海拉尔河。陈旗煤田成煤于中生代晚期，地层由下至上发育有侏罗系上统兴安岭群和扎赉诺尔群南屯组砂岩粉砂岩、大磨拐河组，新生系更新统和全新统。其中，南屯组含煤地层厚度为 50—210 m，大磨拐河组含煤地层厚度为 595—1 540 m，第四系厚度为 38—70 m[37]。

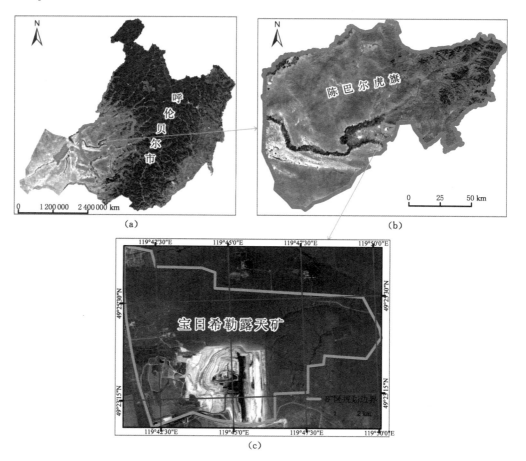

图 2-3　宝矿位置

矿区土壤受地形、气候、母质、植被影响，地带性土壤为栗钙土，部分低注地段为草甸土。

腐殖质层厚度约 20—40 cm,有机质含量 2.9%—4%,钙积层埋深一般在 30—60 cm,其厚度为 20—40 cm。土壤质地为轻壤-中壤土,土壤细沙、粉沙含量高,上覆植被一旦破坏,极易造成土壤风蚀,难恢复。区域自然植被为呼伦贝尔高平原典型草原,以羊草为主,同时分布着贝加尔针茅、羊草、大针茅、野豌豆、冰草、糙隐子草、小叶樟、冷蒿等植物,草群高度为 25—44 cm,植被盖度为 50%—70%[38]。

宝矿所属行政区为宝日希勒镇,该镇位于陈巴尔虎旗中部,是因煤矿开采形成的乡镇。全旗辖 3 个镇、4 个苏木,总人口 5.8 万。2020 年,全旗生产总值 845 531 万元。2013 年、2018 年、2020 年陈巴尔虎旗国民经济与社会发展统计公报显示[39-41],由于加快推进能源重化工基地建设,煤转电、洁净煤、褐煤提质等煤炭深加工和清洁能源项目稳步推进,工业产值比重超过 77%,远高于农业、林业、渔业及服务业(图 2-4)。2013 年,陈巴尔虎旗原煤产量 3 809 万 t,宝矿原煤产量占全旗总产量的 82.17%。

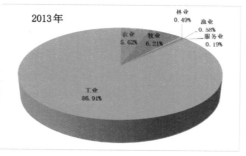

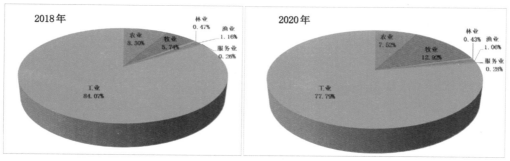

图 2-4 2013 年、2018 年、2020 年陈巴尔虎旗各产业产值比重

(2)煤炭开采现状与治理

宝矿煤层埋藏浅、倾角小、厚度大、赋存条件好,以褐煤为主,1998 年 9 月开工建设,2001 年 4 月竣工移交生产,生产能力为 0.6 Mt/a。2007 年《内蒙古自治区宝日希勒矿区总体规划》显示二期规模 20 Mt/a,2012 年生产规模 30 Mt/a(图 2-5)。采用单斗-汽车开采工艺,矿田共划分为 4 个采区,1 采区为首采区,首采区均衡剥采比为 2.58 m³/t。剥离物和煤均由单斗挖掘机采装,其中原煤装至运输自卸卡车后由采煤工作面经工作帮移动坑线运至地面破碎站卸载平台卸载,经地面破碎站破碎后由带式输送机运往电厂或通过快速装车系统外运[38]。神华宝日希勒能源有限公司现有 2 座自备电厂,装机容量:一电厂 1×3 000 kW,二电厂 2×3 000 kW。同时,露天矿所产原煤大部分通过带式输送机供应内蒙古国华呼伦贝尔发电有限公司,该公司总规划建设 6 台 600 MW 超临界直接空冷机组,2010 年已建成投产。

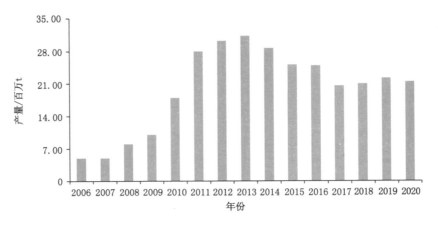

图 2-5　2006—2020 年宝矿原煤产量

宝矿自 2001 年建成生产，距今已有 21 年。持续增加的生产规模对当地生态造成了巨大影响。截至 2016 年，宝矿所在矿区因矿业开发占用土地总面积 2 243.36 hm²，其中地面塌陷区 5 处，破坏土地面积 420.97 hm²，露天采坑 3 处，破坏土地面积 668.12 hm²，排土场 6 处，占地面积 966.47 hm²，工业场地 14 处，占地面积 187.80 hm²（图 2-6）。矿区矿坑水年产出量为 3 002.5 万 t，年排放量为 2 617.75 万 t，年综合利用量为 330.75 万 t，年综合利用率为 11.02%；其他废水排放量为 161.01 万 t，年排放量为 161.01 万 t[42]。矿区固体废弃物年产出量为 19 011.1 万 t，累积积存量为 120 015.26 万 t[42]。废水排放和固体废弃物的堆积，对矿区水资源及土地产生严重的污染。地面塌陷引起的土壤松动影响了矿区及周边区域植物物种的丰富度和多样性[13]。

（a）东排塌陷区　　　　　　　　（b）东排塌陷积水区

（c）国华电厂　　　　　　　　　（d）传送带

图 2-6　宝矿开采现状

2.2.3 伊敏露天矿

（1）自然社会条件

伊敏露天矿（敏矿）位于内蒙古自治区鄂温克自治旗伊敏河镇境内，东经 119°38′20″—119°46′35″，北纬 48°33′00″—48°36′31″（图 2-7）。矿区年均降雨量为 375.4 mm，蒸发量为 1 166.0 mm。伊敏呈一半封闭型的盆地，东西两侧均为低山、丘陵，南部为台地，海拔 644.94—781.30 m。鄂温克旗境内大小河沟共计 263 条，矿区所涉及的河流主要为伊敏河。伊敏河发源于大兴安岭西南麓，由南向北流经矿区东侧，流域面积为 9 105 km²，主要补给源为大气降水[43]。矿区地表水体包括伊河诺尔、巴嘎诺尔等湖，在融雪期、雨季会有积水，哈尔呼吉诺尔湖、哈沙延布拉格水域会随着矿区开采而消失[44]。矿区地层发育有中生界侏罗系上统兴安岭群龙江组、扎赉诺尔群大磨拐河组、伊敏组新生界古近系、新近系、第四系。含煤层岩系为大磨拐河组含煤段及伊敏组，主要为褐煤[43]。

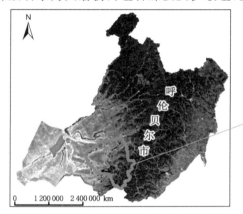
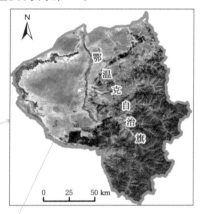
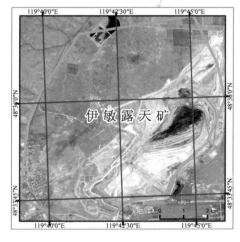

图 2-7 敏矿位置

矿区内土壤处于黑钙土向暗栗钙土过渡带，主要地带性土壤有黑钙土、栗钙土、暗栗钙土，非地带性土壤有草甸土、沼泽土、风沙土。其中，黑钙土发育较好，其主要特征是土壤中有机质的积累量大于分解量，土层上部有一黑色或灰黑色肥沃的腐殖质层，在此层以下或者土壤中下部有一石灰富积的钙积层,腐殖质层厚度约 20—50 cm,有机质含量 2.9%—4.0%,pH 值为 8.0—9.1,土壤质地为轻壤-中壤土,钙积层埋深为 40—60 cm,厚度为 20—30 cm。煤矿周边草地分布较多的植被为大针茅及羊草,伊敏河附近分布着由山荆子、兴安柳等构成的稀疏杂木林和无芒雀麦、拂子茅等杂草草甸[44]。

敏矿所属行政区为鄂温克自治旗,全旗辖 4 镇 1 乡 5 个苏木,以鄂温克族为主,共有 25 个民族,总人口 14.4 万。2020 年,全旗生产总值 1 106 256 万元,人均 GDP 80 978 元,其中 14 户规模以上企业累计实现工业总产值 955 700 万元[45],原煤产量累计 3 699.83 万 t,发电量累计 220.24 亿 kW·h。

(2)煤炭开采现状

敏矿 1983 年开始建设,1999 年建成投产,建设规模 5.0 Mt/a,二期工程 2004 年开工建设,建设规模 11.0 Mt/a,2008 年达到设计生产量;三期工程 2007 年开工,建设规模 21 Mt/a,2011 年达到设计产量,2017 年原煤产量 2 200 万 t(图 2-8)。煤炭开采工艺包括自移动式破碎机半连续综合开采和单斗卡车工艺。矿区共有四个排土场,沿帮排土场、西排土场已停止使用。西外排土场采用单斗-卡车、排土场排弃工艺,内排土场采用单斗卡车和自移式破碎机半连续系统排弃工艺。

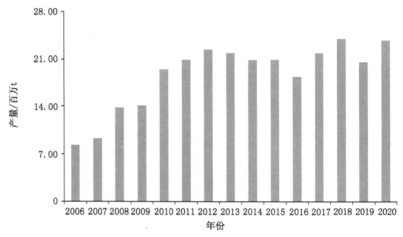

图 2-8 2006—2020 年敏矿原煤产量

随着开采规模的不断扩大,敏矿区及周围地区对煤炭开采干扰的反应日益显现。近几年,露天矿平均疏干排水量均在 45 000—55 000 m³/d,地下水位已出现大范围的下降。2008 年末,采掘场内平均地下水位已降至 564.61 m 以下。矿区周围草场覆盖度整体上随开采规模扩大而降低,尤其是伊敏河阶地典型草原草场,其他草场类型如丘陵地带典型草原草场的鲜草产量也在降低。植被由大针茅群系退化为一二年生杂类草较多的大针茅草原。矿区排土场复垦植被有沙棘灌丛、沙打旺、大针茅等。从 2005 年开始,排土场复垦及绿化面积逐年增加,已复垦面积占总复垦面积的百分比每年均高于 80%[44]。

2.2.4 胜利一号露天矿

(1)自然条件及社会概况

胜利一号露天矿(胜利矿)位于内蒙古锡林郭勒盟锡林浩特市西北部伊利勒特苏木境

内。南东边界距锡林浩特市区约 6 km，地理位置为东经 115°56′51″—116°01′50″，北纬 43°58′16″—44°03′10″(图 2-9)。1974—1993 年，矿区近二十年间平均降水量为 294.74 mm，年平均蒸发量为 1 794.64 mm。锡林河为矿区附近最大河流，全长 175 km，发源于赤峰市克旗白音查干诺尔滩地，经锡林浩特水库于露天区东部向北汇入巴彦诺尔，年平均径流量 0.1922×10^8 m³。

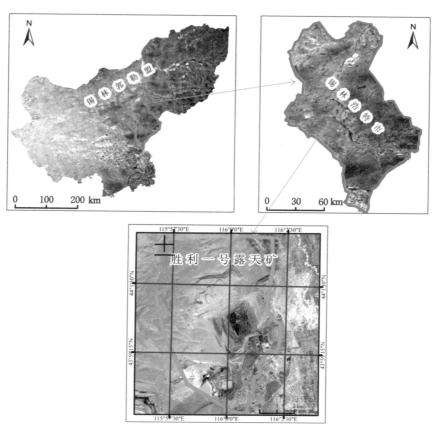

图 2-9 胜利露天矿位置

矿区土壤类型主要由栗钙土、草甸栗钙土、草甸土等组成，由于草场退化，已形成沙化、砾石化栗钙土，土壤有机质含量低，土壤肥力差。一号露天矿地处煤田西部的剥蚀堆积与侵蚀堆积地形的过渡地带，西北部为低缓的丘陵区，地形略呈西高东低，海拔标高为 970—1 035 m。草原植被发育，植物组成有克氏针茅、大针茅、糙隐子草、冷蒿、羊草、洽草、冰草、锦鸡儿等。草群高 15—40 cm，盖度 10％—35％，干草亩产 30—80 kg。

胜利矿所属行政区为锡林浩特市，该市位于锡林郭勒盟中部，辖 3 个苏木、1 个镇、7 个街道办事处、6 个国有农牧场。2020 年全市户籍人口 19.98 万人，地区生产总值达 2 454 972 万元，2020 年原煤产量 4 110.93 万 t。

(2) 煤炭开采现状

胜利矿地层有三个层段含煤，即锡林组下含煤段、泥岩段含煤段、胜利组上含煤段。其中胜利组上含煤段含煤层多、厚度大。1974 年开工建设，1979 年建成，建设规模 20 Mt/a，

2011 年达到设计生产量,2012 年原煤产量最高为 2 499 万 t(图 2-10)。采用单斗-卡车＋吊斗铲倒堆综合开采工艺。露天矿共有 4 个排土场,其中外排土场 3 个,分别是南排土场、北排土场和沿帮排土场,已排弃到位。外排土场的排弃量分别为:南排土场 7.80×10^7 m³,北排土场 3.55×10^7 m³,沿帮排土场 2.03×10^8 m³。从 2010 年开始内排,到 2013 年实现全部内排。

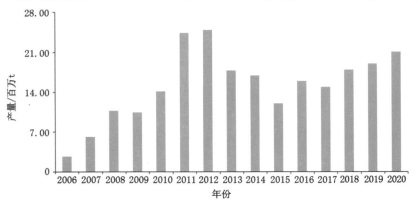

图 2-10　2006—2020 年胜利矿原煤产量

2017 年,对胜利矿进行调研,南、北排土场沿坡滑坡现象,雨水冲蚀现象,植被退化现象,大气污染现象都较为严重(图 2-11)。同时,在矿区排土场采取治理修复措施。北排土场 2007 年到界,种植了草本植物对其进行生态恢复,南排土场 2010 年到界,种植了草本、乔本、灌木等植被,内排土场东部已种植植被绿化 1 100 亩。

（a）破碎站

（b）筛分楼

（c）传送带

（d）电厂

图 2-11　胜利矿开采现状

　　宝矿、敏矿和胜利矿的自然条件及开采现状对比如表2-2所示,三个煤矿建设规模约为20 Mt/a,以高原丘陵地形为主,均属于第四系空隙含水层组,年均降水量为200—400 mm,多采用单斗-卡车自移式破碎机-带式输送机的半连续开采工艺,大气降水和河流补给是主要的地下水补给形式。由此可见,宝矿、敏矿和胜利矿具有极为相似的自然条件及开采状况,具有生态累积效应对比的可能性。

表 2-2　三个矿自然条件及开采现状

名称	开采历史	地形、水文条件	含煤层	气候状况	开采工艺	排水工程	地下水补给
宝矿	1998年开建,2001年建成投产,2007年《内蒙古自治区宝日希勒矿区总体规划》显示二期规模20 Mt/a	地形:高原丘陵,海拔601.88—724.09 m,属新华夏系第三沉降带海拉尔沉降区 水系:第四系孔隙含水岩组	白垩系下统大磨拐河组	平均降水量301.3 mm,平均蒸发量1 525.6 mm	单斗卡车半连续生产开采工艺;单斗汽车-半固定式破碎站-带式输送机半连续生产开采工艺	疏干排水采用北帮、东帮巷道疏干,西帮、南帮群井疏干相结合的疏干排水	大气降水、莫尔格勒河河水
敏矿	1983年开建,1999年建成投产,2007年三期工程开工,建设规模21 Mt/a	地质:高原丘陵,海拔644.94—781.30 m,位于伊敏断陷盆地中伊敏向斜的东南翼 水系:第四系孔隙含水岩组、古近系、新近系孔隙含水岩组	白垩系下统大磨拐河组、伊敏组	平均降雨量375.4 mm,年均蒸发量1 166.0 mm	单斗-自移动破碎机-带式输送机半连续工艺;单斗-卡车-半固定式破碎机-带式输送机半连续工艺	采用降水孔超前疏干与集水沟、集水坑平行疏干的联合疏干方式	大气降水、伊敏河河水和季节性湖泊水体
胜利矿	1974年开建,1979年建成,建设规模20 Mt/a	地质:高原丘陵,海波970—1 035 m,属新华夏系第三沉降带巴音和硕凹陷南部的一个断陷型含煤盆地 水系:第四系孔隙潜水含水岩组、煤系顶砾岩段裂隙、孔隙承压含水岩组	下白垩统巴彦花群锡林组、胜利组	平均降水量294.74 mm,年平均蒸发量1 794.64 mm	单斗-自动式破碎机＋吊斗铲倒堆综合开采工艺,单斗-卡车自移式破碎机-带式输送机-排土机半连续开采工艺	建设独立的排水系统及污水处理站,污水经处理后排入锡林河	大气降水、锡林河河水侧向补给、冰雪融化水

2.3　研究方法

　　(1)文献综合法

　　通过阅读草原生态演替、矿区土地利用、生态累积效应、土壤生态风险评估等文献,分析了草原矿区主要生态要素及其累积特征,解释了矿区发展与草原生态演变的相互关系,归纳了草原矿区煤炭开采的生态累积效应机理。

　　(2)实地调查法

　　一方面,对矿区进行开采现状的现场调研,分析矿区生态现状;另一方面,结合室内遥感影像判读,对矿区场地类型进行实地调查,验证影像解译结果的精度。

　　(3)传统实验室检测

　　通过设计实验方案,对宝日希勒露天矿进行现场调研及土壤样品采集。对样品进行预处理后,在中国科学院南京土壤研究所进行进一步实验检测。具体实验方案、样品处理过程在第 6 章详细说明。

（4）定量分析法

运用生态足迹、正态云模型评估草原矿区生态安全状况。采用趋势线分析、残差分析、相关分析等方法获取草原矿区近 35 年植被覆盖的变化趋势及其与气候、人类活动的相关关系。结合生态储存状态、过程模型，综合评价矿区土地覆被变化的生态累积效应。运用生态质量时空评价模型分析矿区场地变化的生态响应，借助地累积指数及潜在生态风险指数评估矿区各场地土壤质量。相关方法及模型在各章节具体说明。

（5）GIS 空间分析法

地理信息系统（GIS）作为数据处理及空间表达的重要工具已被多学科研究领域应用。蒙东地区近 35 年植被演变、大型露天矿区不同生命时期的土地覆被变化、矿区地表生态响应等通过 GIS 的空间分析功能，最终实现可视化表达。

2.4　影像数据

本书通过对影像数据进行合成、解译，获取 NDVI 数据、土地覆被数据及矿区场地类型数据。具体数据及来源如表 2-3 所示。

表 2-3　影像数据及来源

区　　域	数　　据	年　　份	来　　源
蒙东五盟市	GIMMS AVHRR NDVI	1981—2015 年	美国国家航空航天局（National Aeronautics and Space Administration, NASA, https://www.nasa.gov）
宝　矿	Landsat、DEM	1997 年、2001 年、2007 年、2011 年、2013 年、2017 年、2019 年	中国科学院计算机网络信息中心地理空间数据云平台（http://www.gscloud.cn）；美国地质调查局（https://earthexplorer.usgs.gov）；中国科学院对地观测与数字地球科学中心（http://www.ceode.cas.cn）
敏　矿	Landsat、DEM	1982 年、2017 年	
胜利矿	Landsat、DEM	1971 年、2017 年	

2.5　实测及其他数据

（1）土壤理化性质数据：土壤 pH、土壤重金属、有机质、全氮、全磷等含量通过实验室检测得到。

（2）社会经济数据：中国城市统计年鉴、蒙东各市的国民生产总值、原煤产量等数据来源于《内蒙古自治区统计年鉴》《呼伦贝尔市统计年鉴》《锡林郭勒盟统计年鉴》及相应的国民经济和社会发展统计公报、地质环境公报。

（3）矿区数据：煤矿产量、矿区拐点坐标数据等来源于矿区内部资料、相关评估报告书及已有研究等，如《神华宝日希勒能源有限责任公司露天煤矿改扩建项目环境影响报告书》《神华宝日希勒能源有限公司露天煤矿矿山环境保护与综合治理方案》《中国神华能源股份有限公司胜利一号露天矿矿山地质环境保护与治理恢复方案》等。

（4）行政区划及煤矿边界矢量数据：蒙东五盟市、旗县矢量边界来源于全国地理信息资源目录服务系统的1∶100万公众版基础地理信息数据（http://www.webmap.cn/commres.do? method＝result100W）。利用行政区划边界对 GIMMS NDVI 3g 数据进行裁剪，获得研究区数据；依据各矿区范围拐点坐标、地理坐标，并结合 Google Earth 影像，确定25个煤矿边界，在 ArcGIS 中分别建立各矿区不同距离缓冲区。

（5）蒙东五盟市气象数据：蒙东气温、降水数据来源于美国国家海洋和大气管理局（National Oceanic and Atmospheric Administration，NOAA）（https://gis.ncdc.noaa.gov/maps/ncei/cdo/daily）对蒙东16个台站（呼伦贝尔市3个、锡林郭勒盟7个、通辽市2个、赤峰市3个、兴安盟1个）的1981—2015年生长季（4—10月）每日的气温、降水数据，统计得到每个站点的年降水量及年平均温度，站点具体分布如图2-12所示。

图2-12　蒙东气象监测台站分布

参考文献

［1］马越峰,李建忠.内蒙古各盟市农村牧区经济发展绩效评价研究[J].干旱区资源与环境,2015,29(3):70-74.

［2］赵菲菲,包妮沙,吴立新,等.国产 HJ-1B 卫星数据的地表温度及湿度反演方法:以呼伦贝尔草原伊敏露天煤矿区为例[J].国土资源遥感,2017,29(3):1-9.

［3］王学强,白利云,刘志刚,等.锡林郭勒盟近50 a降水变化及旱涝年分析[J].内蒙古气象,2012(5):6-8.

［4］徐青竹.内蒙古兴安盟1967至2017年夏季降水的时空分布特征[J].南方农业,2018,12(5):121-123.

［5］王春民,王晓峰,盖俊锴.赤峰市推广节水农业技术的措施[J].内蒙古农业科技,2004,32(S1):93-94.

［6］李颖,萨日娜.1951—2014年通辽市气候变化特征分析[J].气象灾害防御,2016,23

（1）：46-48.

[7] 陈彬彬,王卫平,黄文震,等.呼伦贝尔市降水时空分布特征研究[J].干旱区资源与环境,2008,22(9):71-75.

[8] 色音巴图,任志弼,李文,等.TM影象在内蒙古东北部土地资源开发利用调查与评价中的应用[J].中国草地,1999,21(6):37-41.

[9] 宁树正.中国赋煤构造单元与控煤特征[D].北京:中国矿业大学(北京),2013.

[10] 李群.蒙东地区发展煤化工产业初步研究[J].煤质技术,2010(2):37-39.

[11] 内蒙古自治区能源局.内蒙古自治区能源局对2021年3月底全区建设生产煤矿生产能力等信息的公示[EB/OL].(2021-04-08)[2022-06-02].http://nyj.nmg.gov.cn/zwgk/zfxxgkzl/fdzdgknr/tzgg_16482/gg_16484/202109/t20210927_1895391.html.

[12] 内蒙古自治区环境科学研究院.神华宝日希勒能源有限公司露天煤矿改扩建项目环境影响报告书[R].2006.

[13] 中宇资产评估有限责任公司.华能伊敏煤电有限责任公司露天矿采矿权评估报告[R].2009.

[14] 李庆.灵东煤矿矿山地质环境保护与治理恢复研究[D].包头:内蒙古科技大学,2014.

[15] 杨宏海.扎泥河露天矿采场与南排土场复合边坡稳定性分析[D].阜新:辽宁工程技术大学,2012.

[16] 煤炭科学技术研究院有限公司.扎赉诺尔煤业有限责任公司灵露煤矿产能核增项目环境影响报告书[R].2019.

[17] 张玉军.铁北煤矿松软砂岩含水层下综放开采覆岩破坏及溃砂预测研究[D].北京:煤炭科学研究总院,2005.

[18] 呼伦贝尔市环境监理公司.呼伦贝尔呼盛矿业有限公司呼盛煤矿120万t升级改造项目环境监理报告[R].2011.

[19] 辽宁环宇矿业咨询有限公司.呼伦贝尔蒙西煤业有限公司蒙西一井采矿权评估报告摘要[R].2014.

[20] 国家发展改革委.陈巴尔虎旗天顺矿业有限责任公司天顺煤矿生产承诺书[EB/OL].(2004-10-23)[2021-07-12].http://www.china.com.cn/newphoto/mkcn/2014-10/23/content_33853353.htm.

[21] 内蒙古自治区国土资源厅.内蒙古牙克石五九煤炭(集团)有限责任公司胜利煤矿2020年度矿山地质环境治理与土地复垦计划[EB/OL].(2020-03-10)[2021-07-12].http://www.59jt.com/xinwen/20200629_2.html.

[22] 中国地质科学院水文地质环境地质研究所.中国神华能源股份有限公司胜利一号露天矿矿山地质环境保护与治理恢复方案[R].2011.

[23] 西乌珠穆沁旗人民政府.白音华煤电有限责任公司[EB/OL].(2007-11-09)[2021-07-12].http://www.xwq.gov.cn/tzxw/qyml/201312/t20131225_1155059.html.

[24] 西乌珠穆沁旗人民政府办公室.白音华三号露天矿项目简介[EB/OL].(2010-04-

22）［2021-07-12］. http：//www. xwq. gov. cn/tzxw/qyml/201312/t20131225 _ 1155066. html.

［25］马萧.脆弱性矿区生态风险评价：以胜利东二号露天矿为例［D］.北京：中国地质大学（北京），2011.

［26］吴洪阳.白音华一号露天矿开采程序优化研究［D］.阜新：辽宁工程技术大学，2014.

［27］刘儒杰.白音华4号露天矿安全评价系统及评价方法研究［D］.阜新：辽宁工程技术大学，2014.

［28］内蒙古海州露天能源有限责任公司.海州白音华四号露天矿［EB/OL］.（2015-07-13）［2021/07-12］. http：//www. xwq. gov. cn/tzxw/zscg/201507/t20150703 _ 1357559. html.

［29］天地科技股份有限公司.多伦煤矿组织施工设计［R］.2006.

［30］包建军.霍林河南露天矿环境质量评价研究［D］.阜新：辽宁工程技术大学，2005.

［31］北京中企华资产评估有限责任公司.中电投蒙东能源集团有限责任公司扎哈淖尔露天煤矿（扩大区）采矿权评估报告书［R］.2010.

［32］杨宇春.金源里矿井充水因素分析及矿井水防治研究［D］.阜新：辽宁工程技术大学，2014.

［33］王勇.元宝山露天矿英金河改河采场东南帮边坡稳定性研究［D］.阜新：辽宁工程技术大学，2016.

［34］北京中天华资产评估有限责任公司.内蒙古平庄煤业（集团）有限责任公司风水沟煤矿采矿权评估报告［R］.2006.

［35］北京中天华资产评估有限责任公司.内蒙古平庄煤业（集团）有限责任公司老公营子煤矿采矿权评估报告［R］.2013.

［36］北京中天华资产评估有限责任公司.内蒙古平庄煤业（集团）有限责任公司六家煤矿采矿权评估报告［R］.2006.

［37］张利忠.宝日希勒露天煤矿二采区3号煤层开采方案优化研究［D］.阜新：辽宁工程技术大学，2014.

［38］内蒙古自治区环境科学研究院.神华宝日希勒能源有限责任公司露天煤矿改扩建项目环境影响报告书［R］.2007.

［39］陈巴尔虎旗统计局.陈巴尔虎旗2013年度国民经济与社会发展统计公报［EB/OL］.（2014-03-30）［2021-07-12］. http：//www. cbrhq. gov. cn/Item/9036. aspx.

［40］陈巴尔虎旗统计局.陈巴尔虎旗2018年度国民经济与社会发展统计公报［EB/OL］.（2019-03-28）［2021-07-12］. http：//www. cbrhq. gov. cn/Item/87273. aspx.

［41］陈巴尔虎旗统计局.陈巴尔虎旗2020年度国民经济与社会发展统计公报［EB/OL］.（2021-08-26）［2022-06-02］. http：//www. cbrhq. gov. cn/Item/139460. aspx.

［42］温晓丽.宝日希勒矿区生态环境恢复与治理技术研究［J］.内蒙古煤炭经济，2016（8）：63-65.

［43］姬广青.露天煤矿开采对地下水环境的影响研究：以伊敏一号露天矿为例［D］.呼

和浩特：内蒙古大学，2013.

［44］张树礼. 煤田开发环境影响后评价理论与实践［M］. 北京：中国环境科学出版社，2013.

［45］鄂温克自治旗人民政府. 鄂温克族自治旗 2020 年国民经济和社会发展统计公报［EB/OL］.（2021-07-05）［2022-06-06］. https：//www. ewenke. gov. cn/OpennessGazette/show/3496. html.

3 草原矿区煤炭开采生态累积效应机理研究

煤炭开采对草原生态的水环境、土地环境、植被环境、大气环境及生物生态环境均产生影响,这些影响通过时间的累积及空间的叠加,进而促进或阻碍了草原生态系统的演替。为探究煤炭长期开采对草原生态产生的影响,本章基于生态累积效应的基本原理,剖析草原矿区生态累积效应机理,为草原矿区关键生态要素的累积效应定量分析提供思路。

3.1 矿区发展过程与草原生态演变关系

3.1.1 煤矿生命周期阶段分析

煤矿服务年限常依据矿区划定范围内的煤炭资源储量而定,如宝矿规划边界范围内储量约 1 322.90 Mt,生产规模 20 Mt/a,服务年限约 62.4 年[1],胜利矿规划边界范围内储量约 1 882.18 Mt,生产规模 20 Mt/a,服务年限约 89 年。根据矿山开采方案,经过前期勘察规划、建成开采、投产达产等阶段后,理论上应按照要求经历长期的稳产阶段,即 20 Mt/a 的生产规模。已有研究多将煤矿生命周期大致划分为规划期、建设期、投产期、达产期、稳产期、衰退期[2,3]。然而,在实际开采过程中,随着开采技术的改进及设备的增加,生产规模不断扩大,宝矿、胜利矿最大生产规模分别可达 35 Mt/a、24 Mt/a,进入丰产期,之后逐渐降低至稳定期。丰产期由于开采量大,对生态扰动较为明显,需特别强调重视。本书将煤矿生命周期划分为规划阶段、建设阶段、投产阶段、达产阶段、丰产阶段、稳产阶段、衰退阶段、闭矿阶段(图 3-1)。

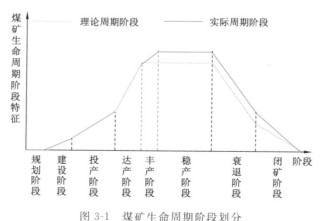

图 3-1 煤矿生命周期阶段划分

3.1.2 煤炭开采与草原生态系统演替空间分析

(1)草原生态系统演替特征

动态性是各类生态系统共同的特征,按照时间尺度,生态系统变化主要分为 3 种类型:

① 宏时间尺度(如冰期退化);② 大时间尺度(如生物退化);③ 中小时间尺度(演替)。草原生态系统,是以饲用植物和草食动物为主体的生物群落与其生存环境共同构成的有一定界面的动态开放系统。草原生态系统演替不止是生态系统表现在时间序列上的替代,同时也是生态系统在空间上的动态演变。

草原生态系统的空间格局及过程一直呈现运动状态,即物质流、能量流及信息流的流动与交换、生长与死亡、竞争、扩散与缩减等,在没有干扰条件下,运动从不间断。一种生物群落代替另外一种群落时,生存环境发生改变,产生了演替。演变是不间断的过程,自然及人为干扰作为草原生态系统演替的内、外在驱动力,共同作用引起生态系统的对称性破缺,从而推动系统的正向和逆向演替。如气温升高、降雨量减少及极端天气的出现,对干旱半干旱的草原地区影响尤其显著,由于蒸发量加大,牧草生长发育受阻,优势草种比例下降,草地呈现逆向演替,冬春季气候变暖利于蝗卵孵化,导致蝗虫数量增加,对草原生态系统产生负面影响。人口增加及经济的快速发展,人类活动对自然生态系统的干扰程度加剧。草原垦殖、过度放牧、煤炭开采等干扰活动改变了草原的组成、分布范围及空间布局,其强度和规模远大于自然干扰。对人类干扰的空间识别和分析是恢复生态学核心内容之一。遥感数据识别植被常用于研究较大尺度生态系统变化。

(2)煤炭开采干扰草原生态系统空间演变

根据煤矿生命周期各阶段的特征,可将其归纳为四个发展时期,即发展初期(规划阶段、建设阶段)、加速发展期(投产阶段、达产阶段、丰产阶段)、稳定发展期(稳产阶段)、发展衰退期(衰退阶段、闭矿阶段)(图 3-2)。煤矿发展各时期生产组织重点不同,对草原生态系统的影响存在差异。

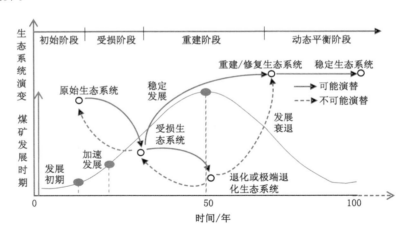

图 3-2 草原生态系统演替与煤矿发展时期

发展初期,矿区主要建设生产、生活基础设施,产生固体废渣,以挖损、压占土地为主,草地破坏、物种迁徙,生态系统未受到显著的影响(图 3-3)。加速发展期,随着煤炭开采量增加,煤炭运输、破碎加工等项目增多,生态要素如水、土地、植被等均受到影响。大面积的原始地貌被挖损,地下岩层破碎,表土堆放,矸石山数量不断增加,选煤水、生活污水排放、爆破、瓦斯泄露等造成的大气污染,生态系统稳定性遭到破坏,给生态系统造成的压力越来越接近阈值。稳定发展期,虽然开采量无明显提高,但对生态的负面影响长期处于增长状态,生态系统的关键要素逐渐超过阈值,即环境容量,生态系统失去平衡,促使生态系统由受损转化为退化或极端退化状态,人类开始更加关注矿区生态问题,投入人力、财力、物力修复或重建生态系统。发展衰退期,煤矿发展主要为三个方向:科技创新、平稳转型和闭矿。其中,煤炭开采量逐渐减少直至闭矿,生态系统趋于自我修复、稳定状态。科技创新、平稳转型则可能促使生态系统稳定,也可能产生新的生态问题,影响生态平衡。

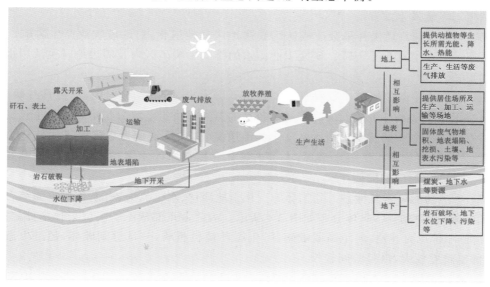

图 3-3　草原矿区生态扰动示意

3.2　草原矿区生态效应累积特征及内容

3.2.1　草原矿区生态效应特征

草原矿区生态效应具有以下累积特征,其中前五个属生态累积效应共有特征,后两个属草原地区独有的特征。

(1)时间累积性。煤矿生命周期较长,生态影响可能早于煤矿开采行为产生,并迟于煤矿关闭结束。在煤矿开采建设之前,已开始对矿山进行勘察、地质调查等工作,了解水文地质构造、煤层深度及范围、煤炭种类等,物探、钻探、采样等勘查手段,会对矿区生态产生微弱的影响。煤矿关闭后,废弃矿区汇集地下水因缺少人为疏导未能及时排出,导致水位上升而淹没矿区及周边地区,地下采空区因长期缺乏维护造成大面积的地面塌陷、开裂。

(2)空间扩展性。随着煤矿发展,矿区人口规模不断扩大,相应的生活服务设施不断完善,矿区周边逐渐形成城镇、居民点等。煤炭开采、加工过程中产生的废水随地表径流进入周边河流,废气随大气交换扩散到周边地区。煤矿规划后,对周边地区牧区范围产生影响。

(3)累积源叠加或协同。呼伦贝尔市、锡林郭勒盟的煤矿不是单一分布,多以煤矿群分布,因此生态影响源不是唯一的。多个煤矿协同作用影响区域生态。对于单一煤矿来说,累积源也不是唯一的,比如水质的影响源,选矿废水、电厂污水、生活污水等都是主要的污水来源,而矸石山自燃产生的废气随降水落入地表河流,也成为污水的来源。

（4）隐性与显性。煤矿开采引起的地表塌陷、水土流失及工矿、交通运输等用地面积增加、植被物种数量及种类的变化等属显性特征,而地下水位改变、生态系统演替、区域经济的发展等属隐性特征。经过时空累积,隐性会逐渐转化为显性,如地下水下降引起草地退化,土地荒漠化加剧。显性也会转化为隐性,如植被物种群落多样性及地表景观的改变终会导致区域生态系统发生演替。

（5）间接效应。煤炭开采会造成矿区周边地区草地退化,对区域牧业产生影响。地表塌陷引起的农业生产水平下降。矿区工业污水的排放影响矿区内及周边地区生活用水及水生生物生长。

（6）阈值敏感性。生态累积效应强调阈值及触发点,在生态脆弱区,阈值具有敏感性。如干旱半干旱气候条件下较低的降水量及较高的蒸发量决定了水分是草原植物生长的关键制约因素。人类采矿的扰动导致区域下垫面性质变化,如草地变为塌陷区进而转化为坑塘用地,地表水体改变影响区域水循环、水量。锡林郭勒草原区土壤持水量的40%可能是羊草对于水分变化响应的阈值[4]。

（7）生态功能可恢复性差。刘军会等[5]从土地沙化、水土流失、石漠化等方面综合评估划定了中国生态脆弱区,具体分布如图3-4所示。内蒙古东部草原矿区位于呼伦贝尔沙地、阴山北麓-浑善达克沙地,属于高度敏感区,生态环境较脆弱,一旦遭到破坏,超过生态环境阈值,修复难度较大,恢复时间较长。

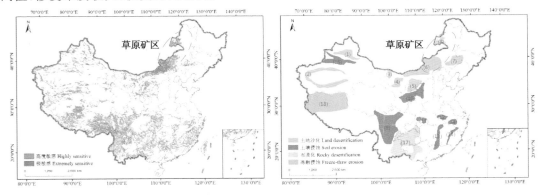

图3-4　中国生态脆弱区空间分布

3.2.2　草原矿区生态累积效应内容

由于外部条件的影响程度和当地生态系统的特征差异性,生态累积效应在不同矿区、不同的生命阶段的表现形式不同,不同的累积形式组合在一起,具有较高的相关性。煤炭资源开采对草原地区生态影响种类较多,累积效应的途径及表现形式复杂,实际研究中难以做到全面分析。针对水、土、植被、大气等干旱半干旱区草原生态系统的主要生态要素进行分析。

（1）水环境累积响应

蒙东草原地区水源主要来自大气降水、地表河水及湖泊水及地下水。煤炭开采产生的工业废水、生活污水部分流入地表河流,部分下渗进入地下,部分蒸发进入大气,再通过降水进入地表水和地下水。长期的累积变化不仅影响区域水循环,对水量及水质均产生影响。

（2）土地环境累积响应

煤炭开采通过改变地质地貌,引起地质灾害,但在草原地区不明显。长期开采引起地下水水位下降,同时受干旱半干旱的少雨气候的影响,草原植被发生退化,区域沙化、荒漠化严重。因煤矿发展建设的工业广场、生活居住区等,以及煤炭开采引起的地表塌陷、水土流失等,导致矿区及周边地区地表景观发生变化。煤炭生产及加工过程中产生的废水、废渣中的化学物质随着地表水进入土壤,造成土壤环境污染。

（3）植被环境累积响应

煤矿建设导致草地被硬化,煤炭开采造成草地的挖损、压占及塌陷。原始地貌中的植被物种减少,甚至消失。地下水位下降及污染也会引起植被退化。煤矿粉尘的排放通过影响矿区及周边地区的植被高度、盖度及密度进而影响植物的生长。同时,由于气温、水分的改变,会增加新的适生植物。

（4）大气环境累积响应

煤炭运输产生的扬尘、电厂煤炭燃烧排放的废气、煤矸石自燃产生的含硫化合物等都是大气中污染物的主要来源。大气污染的累积形式主要表现为空间扩散效应,由于风力、地形等影响,可以影响矿区周边更远区域。

（5）生物生态累积响应

矿区地表塌陷区长期积水,由陆地生态系统转化为水域生态系统。土地利用类型的变化,如草地转化为工矿用地,引起动物迁徙、植物群落数量及组成的变化,影响区域生物量,进而影响草原的碳排放。

3.3　草原矿区生态要素累积效应机理分析

3.3.1　植被演变生态累积响应机理

植被作为连接土壤、大气和水分的自然"纽带",对区域生态状况具有指示作用。矿区水环境、地表景观、土壤质量变化会影响植物生长,尤其是对气候变化较为敏感的植物。植物的响应宏观上表现为区域植物的生长状况,微观上体现在局部地区群落数量、群落组成、多样性的变化。

（1）植物生长状况

作为地表植被覆盖的重要指示因子,植被覆盖度是描述植被生长的重要定量参数,常被应用于生态环境监测评估中衡量地表植被覆盖状况的量化指标之一。气候因子,包括温度和降水,是植被覆盖度变化的重要驱动因素。同时,人类活动对植被覆盖度的变化具有双重效应,土地整治复垦、生态修复等正向效应会促使植被覆盖度增加,区域生态环境质量状况变好,开采建设占用耕地、草地等负效应会破坏原始地表植被生长环境,不仅导致植被覆盖度降低,同时会加快降低的速率。

（2）植物群落数量及组成

植物群落是指在一定的地段上,一定的植物种类群居在一起,构成的有其特定外貌、结构的植物组合。适宜的气候、物种的竞争、特定的食物链构成了植物群落稳定性的结构。傅致远等[6]研究发现土壤水是干旱半干旱区草原植被群落结构变化的关键因素,同时土壤有机质、总氮、总磷也是重要的影响因素。采矿活动对水环境及土壤环境的扰动,间接影响了植被群落结构。以宝矿为例,2013 年,乌仁其其格[7]等在塌陷坑周围、塌陷坑之间及对照区设置样方进行矿区植物群落调查。调查结果如表 3-1 所示,煤矿开采 12 年后,植物群落物种受开采影响呈现下降趋势,物种种类也有所变化。

表 3-1 宝矿植物群落组成调查

样 地	塌陷坑周围	塌陷坑之间	对照区
物种数量/个	25	26	53
变化的物种	贝加尔针茅减少或消失;地榆、扁蓿豆、细叶柴胡等伴生物种消失;独行菜、狗尾草、黄蒿、小画眉草等增加		—

（3）植物群落多样性

植物群落物种多样性与生境密切相关。有机质含量、土壤养分的积累有利于植物群落多样性增加,土壤含水率的降低影响灌木的生存,从而减少了植物群落多样性。采矿活动对土壤环境的扰动间接影响了植物群落多样性。丰富度指数、多样性指数、优势度指数、均匀度指数等指标常用于衡量物种多样性变化[7]。2017 年,风一鸣[8]分别对宝矿人工草地(排土场人工完全干预)、半人工草地(排土场人工较少干预)、对照区进行物种多样性调查,结果如表 3-2 所示。开采 16 年后,排土场复垦区即人工草地植物均匀度指数、多样性指数高于对照区,表明矿区排土场复垦增加了植物群落多样性,半人工草地物种指数明显低于对照区,由于受采矿活动影响,植物群落多样性呈现减少趋势。

表 3-2 宝矿样地多样性指数分析

样地	均匀度指数	多样性指数	物种丰富度指数	盖度
人工草地	0.693	0.685	2.005	0.246
半人工草地	0.434	0.319	0.690	0.176
对照区	0.596	0.635	2.205	0.393

3.3.2 水环境累积响应机理

地表水环境和地下水环境构成了矿区水环境。煤炭资源开采工业活动及人类活动共同作用水资源系统,通过影响水量和水质进而影响水资源平衡,产生矿区水环境问题。

（1）累积源识别与累积特征

矿区水资源工程系统主要包括供给和排水。其中,大气降水、地表河流及地下水是重要的补给来源,同时这三者构成了矿区水循环。矿区开采对地表河流流量、水质及地下水水量、水质均产生影响。矿井水、疏干水、排土场淋溶、工业废水、生活污水是主要的矿区排水,直接或间接影响矿区水循环、水质及水量。矿区水环境累积效应特征如表 3-3 所示。

表 3-3　水环境累积效应特征

累积效应形式	特征描述
多源效应	补给来源较多,多个矿井污水、矿井多个功能区的污水排放
空间扩散效应	地表水系、污染扩散
时间累积效应	水资源总量变化,污染程度加深
阈值效应	水质污染,超过国家相关标准
关联效应	对土壤、地貌等其他生态要素产生影响

（2）累积表征形式

① 水系分布

矿区地形地貌的变化影响了地表水系的分布。排土场、矸石山在雨水的冲刷下造成水土流失;地表裂缝由于地表水的冲蚀,逐渐扩大,形成水蚀沟;塌陷区随着程度的加深及影响范围的扩大,积水区域面积不断增大,形成了较大的汇水区,甚至会改变区域河流的流向。

② 水量变化

采煤塌陷区减少了地表水的蒸发量。干旱半干旱区的气候特点决定区域蒸发量较大。内蒙古东部地区多分布大型露天煤矿,巨大的矿坑积水后,导致区域蒸发量明显增加。而开采造成的地面塌陷区,地表水通过导水通道渗漏进入采空区成为地下水而被贮存。与之前的水资源总量相比,由于蒸发量的减少,区域水资源有所增加。采煤引起的地表硬化减少了浅层地下水蒸发量。未开采前,矿区规划边界内以草本、灌木为主,植物的蒸腾作用需要根系不断地从表层土壤中吸取水分,而耐旱的特点使植被的根系较为发达,可直接提取浅层地下水。地面硬化一定程度上阻碍了地下水的蒸发量,增加了区域水资源。采煤引起的地下水位下降增强了对外流域水资源的竞争量。煤炭开采疏干地下水导致地下水位下降,形成漏斗区,地下水资源枯竭,外流域的地下水会流向漏斗区域,补充地下水资源,从而增加了区域水资源。

③ 水质改变

矿区地表水的影响源具有多源性,包括矿坑排水、工业废水、生活污水等点状污染源及矿区附近的农业污染等面状污染源。选矿废水含有大量的悬浮物及有害物质,被排入河流后淤塞河道,有毒的浮选剂导致水质下降,水中鱼虾减少,有毒的重金属会造成河流污染,对河流周边牧群产生危害。矸石山、排矿堆等经过雨水淋滤,含有硫酸盐及有害重金属元素的淋溶水若未经排放处理,会通过地表径流污染河流,甚至地下水。井工开采过程中产生的矿井水排放或渗漏会对地下水造成污染。

（3）地表水环境累积响应机理

① 矿区地表水文的过程模型构建

矿区地表水系的形成受地表植被截留、土壤入渗、地形变化的影响,地形的变化常影响地表水文的径流和汇流,因此,草原矿区地表水文过程模型可综合植被截留模型、土壤入渗模型和径流汇流模型[9],其结构示意如图 3-5 所示。降水量、排水量、植被覆盖度、DEM 等因素的实时监测,DEM 高程、坡面的空间变化分析,通过植被截留模型、土壤入渗模型、径流汇流模型评估地表水文的时空变化过程。

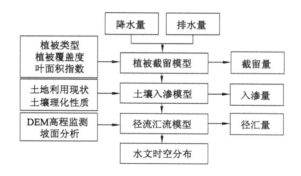

图 3-5　地表水文过程模型示意

a. 植被截留模型

矿区植被主要包括天然植被和人工植被。降雨时,由于植被的叶表面张力的存在,降雨会被植被的冠层截留,但植被冠层的截留量具有一定限度,植被类型决定了存在不同的截留量,具体计算公式如下:

$$P_{Ja} = \alpha \cdot NDVI \cdot LAI \tag{3-1}$$

$$P_{Jb} = NDVI \cdot P \tag{3-2}$$

式中,P_{Ja} 表示降雨量大于最大截留量;α 为植被叶表面最大的持水深度;NDVI 为植被覆盖度;LAI 为叶面积指数;P_{Jb} 表示降雨量小于最大截留量;P 为降雨量。在实际运用过程中,需结合草原矿区降雨量、天然植被、人工植被及参数进行计算。

b. 土壤入渗模型

未被截留的降雨及矿区生产生活排放的污水会入渗土壤中,影响区域河流及农业生产。Green-Ampt 模型在改进后可用于模拟降雨入渗土壤过程[9],模型考虑了土壤理化性质,模型参数可从土壤理化指标中获取。雨水和矿区排水在开始阶段会全部渗入土壤,但土壤入渗能力会随时间的增加逐渐呈现减弱趋势,直至土壤饱和,在地表形成积水,地表开始产生积水时的累积入渗量 F_p(cm)计算公式如下:

$$F_p = S_f(\theta_s - \theta_t)/(p/K_s - 1) \tag{3-3}$$

式中,F_p 是累积入渗量,cm;S_f 为土壤水吸力值,cm;θ_s、θ_t 分别为土壤的饱和含水率和初始含水率,cm^3/cm^3;K_s 为饱和导水率,cm/d;p 为降雨强度,cm/d。在实际应用中,应分阶段讨论,包括地表未积水时和开始积水后的土壤入渗率。

c. 径流汇流模型

地表积水后会在地形的影响下由高到低形成水流,因此对地形地貌的判定尤其重要。DEM 高程数据可反映地形的起伏状况,地形的实时动态监测、坡面分析是模型构建的基础。可通过 DEM 高程数据分析,遥感的实时监测分析和获取区域水域的坡度、河网和水流方向信息。

② 矿区地表水质监测分析

宝日希勒露天矿采掘场排水造成局部第四系含水层疏干,疏干水主要向莫日格勒河排放,对局部地表水体有一定影响,矿区内排放的生产、生活用水也会造成地表水体污染。2019 年 6 月分别对宝日希勒露天矿复垦区蓄水池、南排土场塌陷区、矿区东南部生活区、莫日格勒河进行水样采集,在徐州市质量技术监督综合检验检测中心进行水质检测,结果如

表 3-4 所示。宝日希勒露天矿地表水中化学需氧量的含量远高于国家地表水环境质量标准（GB 3838—2002）[10]，在莫日格勒河和生活区尤其明显。矿区东南部生活区地表水中硫酸盐和氯化物均存在超标现象，表明宝日希勒露天矿采矿活动对区域地表水质产生一定的影响。

表 3-4　宝日希勒露天矿区水中污染物含量　　　　　　　　　　单位：mg/L

项目	复垦区蓄水池	南排土场塌陷区	矿区东南部生活区	莫日格勒河	标准限值
化学需氧量	76	55	175	105	≤40
硫酸盐	72.7	145.98	329.54	39.86	≤250
氯化物	129.2	166.37	263.43	12.6	≤250

3.3.3　土地环境生态累积响应机理

（1）土地覆被累积响应

① 地形地貌

地形起伏变化影响着地表物质的迁移与能量分配，进而制约着地表过程的进程及地表景观的形成。露天矿区通常经过表土剥离后再进行煤炭开采，从而形成挖损区和堆放区，地表受采矿扰动较大，地形变化显著。由于挖损地表形成大面积的采坑，经过长期积水形成了坑塘。排土场的迎背风坡由于气温、降水量的不同，植被长势的差异性显著。随着开采规模的扩大，矿区人口集聚规模不断增加，矿区周边原有城镇建设景观面积增加，或形成新的煤炭城市。新增了煤炭运输或城镇发展的配套基础设施如交通运输、电厂等建设用地景观。矿区景观的复杂性、空间异质性及破碎化程度受人类采矿活动的干扰不断发生变化。

② 场地类型

在矿区规划范围内，因煤炭开采、加工、运输等形成了各类场地，整体上可归纳为原生场地、开采场地、损毁场地、污染场地四种类型（表 3-5）。矿区内按照规划分为不同的采区，未被开采区的地区为原生场地，原生场地基本未受人类扰动，地貌以草地为主。煤炭埋藏较深，露天开采通过剥离表土获取煤炭资源，因而形成了露天采区和剥离区，原始地貌被破坏。煤炭开采、加工过程中剥离的表土、产生的煤矸石堆放压占草地，用于煤炭运输修建的公路、铁路占用草地，硬化地面用于停车、塌陷地等均属于损毁场地。煤炭加工建立的破碎站、传送带、储煤场等周围地面吸附煤炭颗粒，经过雨水淋溶渗入土壤中引起土壤重金属污染，形成污染场地。

表 3-5　露天矿区主要场地类型

场地类型	场地描述	具体分类	现场状况
原生场地	规划边界内未开采的地区	草地	

表 3-5（续）

场地类型	场地描述	具体分类	现场状况
开采场地	煤矿开采工作面	露天采区、剥离区	
损毁场地	物理破坏为主，采挖、压占、矿区路面硬化	运输用地、停车场、排土场	
污染场地	自然因素及人类活动共同作用产生的化学污染	破碎站、矸石山、传送带、储煤场等	

③ 土壤质量

土壤质量是土壤在生态系统边界内能够保持作物生产力、维护生态质量、促进动植物健康的能力。由于采矿业的影响，矿区部分地区形成了以固体废弃岩土为母质，受人工整理、改良，使其风化、熟化而成的土壤。在矿产资源开采、加工、利用等过程中，进入矿区土壤中污染物的速度及量明显超过了土壤环境相应的承载能力，导致土壤功能和质量产生变化。土壤 pH 值、微量元素、营养元素、有机质等是衡量土壤质量的重要指标（图 3-6）。

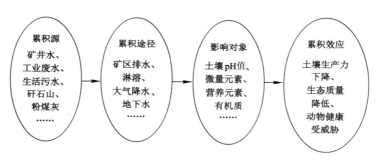

图 3-6　土壤环境累积效应

土壤 pH 值除受成土母质影响外，同时会受气候、地形、植被、人类活动等因素的影响。煤炭开采引起地下水水位下降，干旱的气候决定区域蒸发量较大，土壤中的盐基物质随着毛管水上升集聚在土壤表层，增加了土壤碱性。选矿废水多呈酸性，排出后渗入土壤，提高了土壤的酸性。煤矸石中含硫成分较高，受内部的黄铁矿氧化产生酸性废水，酸性废水会淋溶出矸石中的有毒重金属元素，渗入土壤及地下水中，造成土壤重金属污染。土壤有机质由存在于土壤中的含 C 和 N 的有机化合物组成，其含量易受环境条件的影响。土壤 pH 值、重金属元素均会引起有机质含量的变化，矿区土壤 pH 值、重金属元素与有机质含量相互影响，引起土壤质量、生态功能等变化。

（2）土地覆被演变生态累积效应机理

土地对人类活动的累积响应表现为土地利用景观类型的空间格局演变及相应的生态服务功能的改变。

① 土地覆被变化响应

在土地利用类型数量方面：草原矿区未开采前，以草地和林地为主，随着人类开采活动的影响，草地大幅度转化为工矿用地，交通运输、建设等用地面积扩大，矿区复垦及生态修复等措施将工矿用地复垦为草地和林地。在土地利用类型的空间布局方面：增加的建设用地多出现在工矿用地附近，为矿区生活提供便利，交通运输用地是连接城镇和工矿用地的主要枢纽。在土地利用景观结构方面：采矿引起矿区景观斑块数量增多，优势度指数、分离度指数等常用于反映景观破碎化程度和空间异质性，景观生态功能随之变化。在土地利用重心方面：重心迁移用于表现矿区土地利用的空间变化总体特征。分析矿区各土地利用类型的重心迁移方向及距离，能够反映土地利用类型的空间变化特征，将重心迁移方向、距离与自然经济、生态状况相结合，一定程度上掌握土地利用类型的质量变化状况。

② 土地生态系统服务功能响应

土地利用景观格局的时空变化必然引起区域相应生态系统服务功能的改变。随着人类扰动增加，土地利用景观类型不断发生变化，区域生态系统逐渐从自然生态系统（草地、林地等）演变为半自然半人工生态系统（农田等），直至人工生态系统（工业、城镇等）。草原矿区作为半自然半人工的生态系统，包含多个生态系统，具有多种生态服务功能，各服务功能之间相互影响，其中一种生态服务功能变化会引起其他生态服务的正向或负向变化，生态环境敏感且脆弱。在草原区，原始生态系统以草地、林地生态系统为主，保持水土、防风固沙、涵养水源等生态服务功能较强，采矿活动、城镇化等因素影响下逐渐演变为城镇、工业生态系统，经济功能增强，系统生态服务功能下降，随着人类环保意识的加强，工矿用地被复垦为林地、草地，相应的生态系统服务功能得到恢复。

③ 土地生态风险响应

土地利用景观格局的变化，在改变生态系统服务功能的同时，增加了区域生态风险可能性。由于稳定的生态系统结构被破坏，生态系统逐渐失衡，具有负效应的风险因子影响逐渐增强，造成区域生态风险增大。土地生态风险评估是基于生态学、毒理学等理论研究一种或多种因素可能产生的生态效应，涉及内容主要包含土地退化、土壤污染、生物多样性下降等。土地生态风险评估的前提是风险源的识别、风险受体及生态终点的确定（图3-7）。在草原矿区，主要的风险源为气象灾害及人类活动。人类活动主要表现为放牧和采矿活动，而对于年产量达到2 000万t以上的草原大型露天矿来说，采矿活动对矿区土地利用景观格局的影响相对较大，因此采矿活动是主要的人为风险源。风险受体是可能遭受风险源不利作用的承受者。评价尺度、模型及风险源等因素通常影响风险受体的选择。在选择时，选取具有代表性、能够反映研究区域土地生态系统的现状，包括生物群落、生态系统、土壤质量、景观等单个风险体，也可以是若干个子系统，同时也可以是生态系统结构、功能与过程的分析。对于复杂的矿区生态系统而言，除农田、水域等生态系统外，以采矿为主的工业生态系统和采矿形成的城镇生态系统存在的生态风险更大。生态终点作为受体对风险的响应，呈现了生态后果，常表现为土壤质量下降、水体污染、生物多样性减少、生态弹性降低、生态服务功能下降等。

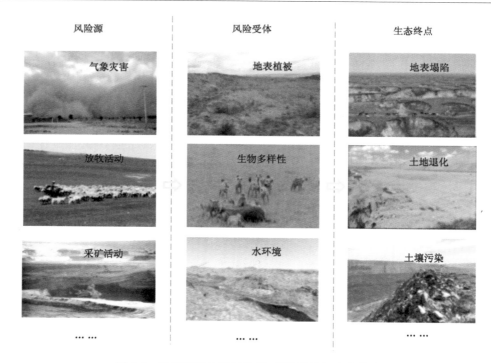

图 3-7　草原矿区生态风险源、风险受体与生态终点

3.4　草原矿区生态承载力分析

3.4.1　生态累积效应、生态承载力与生态系统弹性

　　矿区生态承载力是指在矿区特定范围内,以已有的经济技术及确保生态系统能实现自我调节、自我维持的条件下,矿区资源(自然、环境等资源)能够支持的具有一定生活质量的人口及经济规模[11]。矿区生态承载力分析不仅考虑资源、环境承载能力,同时需考虑开发强度、开发频度在时间和空间的累积性及引起的承载力动态变化性。弹性是指物体受外力作用变形后,除去作用力时能恢复原来形状的性质。1973 年,加拿大生态学家 Holling 首次将弹性概念引用于生态系统,定义其为"系统拥有的应对外来冲击且在危机条件下能够维持结构及功能运转的能力"[12]。生态系统弹性是生态系统在遭受压力及扰动情况下能够通过自我调节恢复到原始平衡状态的能力[12],可分为弹性强度和弹性限度(图 3-8)。弹性限度表示生态系统能够承受干扰的范围,即生态承载力。弹性强度则强调抗压性及恢复性,是动态反复的过程,与生态效应的累积过程具有相似性。生态阈值是三者共有的特性。目前,关于生态系统弹性力的定量分析模型较多,如"暴露-敏感-响应"(VSD)、基于弹性强度

图 3-8　三者关系示意

系数与弹性限度系数的生态系统弹性力模型等[13]，也会通过构建弹性评估框架（DROP）进行系统分析[14]。

3.4.2　基于弹簧模型的生态承载力分析

（1）生态承载力评价指标体系

从矿区生态承载力概念可以看出，生态承载力包含压力层和支持层两个层面。其中，压力层为矿区社会及经济活动的干扰作用，包含矿区特定范围内资源利用状况、人口及经济规模、生态状况等。支持层分为上、下两个层面，上层为资源环境的供容能力，即资源承载力和环境承载力，下层为生态系统的自我调节及维持能力，即生态系统的弹性力。在矿区生态承载力层次体系中，资源承载力发挥基础作用，环境承载力起约束作用，生态弹性力是支持条件。在进行矿区生态承载力评价时，可采用"压力-状态-响应"评价模型，从自然影响力、社会经济驱动力及生态系统健康度三个方面选取构建评价指标。

（2）弹簧模型

16世纪英国科学家 Hooke 提出"胡克定律"并指出，当弹簧发生弹性形变时，弹簧的弹力与其压缩量或伸长量呈正比。黄秋森等将弹簧模型应用于资源环境承载力评价[15]，评价模型如图 3-9 所示。弹簧未受外力影响，处于自然状态，可以作为生态系统最原始的状态，如图 3-9(a)所示；在各生命周期阶段的时间节点，生态系统在累积受到自然因素影响力 P_1 和社会经济驱动力 P_2 共同作用下，生态健康作用力 F_1 的变化情况如图 3-9(b)所示，弹簧处于轻微拉伸状态（其中生态健康作用力 F_1 为 P_1 和 P_2 的合力，假设生态系统向负效应变化）；自然因素影响力 P_1、社会经济驱动力 P_2、生态健康作用力 F_1 共同作用下，三者构成的合力 F 为生态系统资源环境的承载力状态，如图 3-9(c)所示；自然因素影响力 P_1、社会经济驱动力 P_2、生态健康作用力 F_1 分别由多个正负面单要素共同作用构成的合力如图 3-9(d)所示。

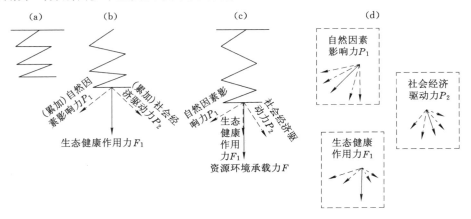

图 3-9　基于弹簧模型的资源环境承载力评价模型

子系统：假设第 j 个子系统有 n 个影响因素，任意要素作用力为 $X_{ij}(i=n,j=3)$，则结合图 3-5(d)计算单个子系统产生的资源环境承载力大小，即

$$|P| = a\sum_{i=1}^{n}(X_{ij} \cdot \cos\theta_i) \tag{3-4}$$

式中，X_{ij} 为 X_{ij} 的模，为影响因素大小；θ_i 为子系统中要素 i 与子系统合力所在坐标轴的夹

角；a 为单个子系统作用力与系统合力夹角的余弦值。实际应用中，$\cos \theta_i$ 为单个影响因素 i 对子系统的权重 w_i，即

$$|P| = a \sum_{i=1}^{n} (X_{ij} \cdot w_i) \tag{3-5}$$

系统：由自然因素影响力 P_1、社会经济驱动力 P_2、原生态健康作用力 F_1 共同作用的合力 F，即生态系统资源环境的承载力状态 RECS（resources and environment carry state），其具体计算公式为：

$$\text{RECS} = |P_1| + |P_2| + |F_1| = \sqrt{\sum_{i=1}^{n} (X_{1i} \cdot w_i)^2 + \sum_{i'=1}^{k} (X_{2i'} \cdot w_{i'})^2 + \sum_{i''=1}^{l} (X_{3i''} \cdot w_{i''})^2} \tag{3-6}$$

式中，k、l 分别为子系统影响因素的个数。

（3）评价标准

依据式（3-6）中各因素指标的标准值，可得到生态系统资源环境承载力标准值 RECC（resources and environment carry capacity）。生态系统承载力共分三种情况，① RECS＞RECC，超载；② RECS＝RECC，满载；③ RECS＜RECC，未超载。将 $|\text{RECC}| - |F_1|$ 作为现有生态系统健康状况下，系统能够承载自然因素及社会经济驱动下的潜力值，当这二者的合力大于潜力值时，弹簧会超出其弹性范围，生态系统超载；当其小于潜力值时，弹簧在弹性范围内，生态系统未超载；当其等于潜力值时，弹簧伸长量最大，生态系统满载。超载、满载均会破坏生态系统稳定性。在实际运用时，单个要素的值越大，对生态系统承载力造成的压力越大，因此对生态系统有利的因素为负面指标，不利的因素为正面指标。

参考文献

［1］内蒙古自治区环境科学研究院. 神华宝日希勒能源有限公司露天煤矿改扩建项目环境影响报告书［R］. 2006.

［2］王行风，汪云甲. 煤炭资源开发的生态环境累积效应［J］. 中国矿业，2010，19（11）：70-72.

［3］王辉，汪应宏，卞正富. 煤矿区生态环境动态补偿机理与准则［J］. 生态经济，2011，27（11）：156-160.

［4］王云龙，许振柱，周广胜. 水分胁迫对羊草光合产物分配及其气体交换特征的影响［J］. 植物生态学报，2004，28（6）：803-809.

［5］刘军会，邹长新，高吉喜，等. 中国生态环境脆弱区范围界定［J］. 生物多样性，2015，23（6）：725-732.

［6］傅致远，姜宏，王国强，等. 半干旱草原区土壤性质对植物群落结构的影响［J］. 生态学杂志，2018，37（3）：823-830.

［7］乌仁其其格，张德平，雷霆，等. 呼伦贝尔草原采煤塌陷区植物群落变化分析：以内蒙古宝日希勒煤矿区为例［J］. 干旱区资源与环境，2016，30（12）：141-145.

［8］凤一鸣. 宝日希勒露天煤矿对植被恢复及天然草地的影响［D］. 呼和浩特：内蒙古农业大学，2018.

［9］侯帅.山西省长河流域煤炭开采下地表水文过程的空间模拟研究［D］.太谷:山西农业大学,2018.

［10］国家环境保护总局科技标准司.地表水环境质量标准:GB 3838—2002［S］.北京:中国环境科学出版社,2002.

［11］闫旭骞.矿区生态承载力定量评价方法研究［J］.矿业研究与开发,2006,26(3):82-85.

［12］HOLLING C S. Resilience and stability of ecological systems［J］. Annual Review of Ecology and Systematics,1973,4:1-23.

［13］SHARMA A,GOYAL M K. Assessment of ecosystem resilience to hydroclimatic disturbances in India［J］. Global Change Biology,2018,24(2):432-441.

［14］CUTTER S L,BARNES L,BERRY M,et al. A place-based model for understanding community resilience to natural disasters［J］. Global Environmental Change,2008,18(4):598-606.

［15］黄秋森,赵岩,许新宜,等.基于弹簧模型的资源环境承载力评价及应用:以内蒙古自治区陈巴尔虎旗为例［J］.自然资源学报,2018,33(1):173-184.

4 蒙东25个矿区植被演变生态效应分析

　　草原植被作为衡量地球生态系统的重要指标，在维系土壤、调节气候、反映生态环境等方面发挥重要作用。降水量、气温作为水分、热量的主要来源，是影响植物生长的关键气候因子，在干旱半干旱地区尤其重要。已有研究表明，气候因子在全球及区域尺度且在较长时间序列上对地表过程产生明显的影响，同时人口过快增长、过度放牧、煤炭开采等人类活动会引起生态环境恶化[1-4]。归一化植被指数（NDVI）作为反映植被长势的重要参数常用于反映植被覆盖度的变化[5]。AVHRR（advanced very high resolution radiometer）NDVI 数据集作为目前覆盖时段最长的连续数据集，尤其是 GIMMS（global inventory modeling and mapping studies）NDVI 3g 数据集，具有时间序列场、覆盖范围广等优点，已被广泛应用于全球及区域大尺度的植被变化研究[2,6]。依据表 2-1 可以看出，蒙东大型矿区煤炭开采多开始于 1970 年以后，目前 GIMMS NDVI 3g 数据时间段为 1981—2015 年，可用于对比分析矿区开采前后植被覆盖的变化趋势。

4.1 研究方法选择与确定

4.1.1 生态足迹与生态赤字/盈余

　　运用生态足迹方法，对 2008 年、2012 年和 2016 年蒙东 5 盟市分别进行生态足迹、生态承载力和生态赤字/盈余的核算及生态安全等级确定，在此基础上，对 5 盟市生态安全分布进行空间格局分析。

　　（1）基本假设

　　任何已知人口（个人、城市、国家、社区）的生态足迹（ecology footprint，EF）指生产相应人口所消费的全部资源和消纳所产生废物需要的生态生产性土地面积[7]。一般情况下，生态足迹计算是在四项基本假设前提下进行的：① 研究区绝大多数的消费品可以定量确定并来源于各类生产性土地；② 所消耗的所有资源能够全部转化，无须考虑废物流；③ 研究区内消耗的所有生物资源和能源资源可以对应于各种土地利用面积，同时经过因子转化后可进行加权汇总；④ 单位地块代表一种利用方式，一定时间段内的所有类型土地面积总数表示同等数量的生态承载力。

　　（2）生态生产性土地与数据获取方法

　　① 生态生产性土地

　　目前，根据生产力大小的差异，学者们将全球生态生产性土地划分为 6 类：化石能源用地、耕地、草地、林地、建设用地和水域。各类生产性土地解释如下[8]：

　　化石能源用地：理论上为预留出的吸收化石能源燃烧所释放的 CO_2 的土地。

　　耕地：农作物耕种的土地，承担着人类大部分的生物量供给，主要包括粮食、蔬菜等农产品。在所有生态生产性土地中，耕地的生产力最大，生物量聚集最多。

草地:发展畜牧业的土地,是牛羊肉、牛羊毛以及乳制品等的主要产出地。

林地:可用于产出木材或与之相关产品的人造林或天然林地。

建设用地:主要指人类因生产生活而建造的居住用地、基础设施用地、工业用地等,一般情况下,随着人类社会的发展,建设用地呈扩张趋势。

水域:为人类消费提供水产品的地类,主要包括海洋、河流、湖泊等。

② 数据获取方法

生态足迹的计算方法主要分为自上而下和自下而上两种。自上而下法主要通过世界性、全国性或地区性官方公布的各类统计数据资料,获取研究地各类物质资料的生产量、出口量、进口量,进而求得当地物质消费量。自下而上法主要通过实地走访、发放社会调查问卷等实地调查方法直接获取各类消费数据。本章采用自上而下法获取研究区相关消费数据。

(3)计算方法

生态足迹模型计算主要包括三部分:生态足迹、生态容量(又称"承载力"ecological capacity,EC)和生态赤字/盈余(生态赤字 ecological deficit,ED,生态盈余 ecological surplus,ES)。各部分计算方法如下:

① 生态足迹

将因人类生产活动引起的各种直接或间接消费归纳到具体的资源消耗量,根据不同地区生态生产能力,将资源消耗量分别折算为具有生态生产力的土地面积,公式如下:

$$EF = N \times ef = N \times \sum_{i=1}^{n} (aa_i \times r_i) = N \times \sum_{i=1}^{n} \left(\frac{c_i}{p_i} \times r_i \right) \tag{4-1}$$

式中,EF 表示区域内生态足迹总量,ha;N 表示区域内总人口数量;ef 为人均生态足迹,ha/cap;i 为区域内消费品的种类数量;aa_i 为第 i 种消费品所折算的生态生产性土地面积;c_i 为区域内第 i 种消费品的人均消费量,t;p_i 为第 i 种消费品的全球平均生产能力,t/cap;r_i 为均衡因子,无量纲。

② 生态承载力

生态承载力指在保证生态系统正常生产力和功能完整以及维持可持续发展的情况下,系统所能支持的最大负荷[9],即区域内所能提供的供人类利用的所有生态生产性土地面积,公式如下:

$$EC = N \times ec = N \times \sum_{j=1}^{6} (a_j \times r_j \times y_j) \tag{4-2}$$

式中,EC 为区域内生态承载力总量,ha;N 为区域内总人口数量;ec 为区域内人均承载力,ha/cap;j 为 6 种生态生产性土地,无量纲;a_j 为第 j 类生态生产性土地面积的人均拥有量,ha;r_j 为第 j 类生态生产性土地的均衡因子,无量纲;y_j 为产量因子,无量纲。

③ 生态赤字/盈余

生态赤字/盈余表示区域生态系统的供需盈亏情况,公式如下:

$$ED/ES = EF - EC \tag{4-3}$$

若为正值,则表示区域生态资源出现供给不足,影响人类发展;若为负值,则表示区域生态资源供给充足,能够满足人类生产需求。根据国民经济和社会发展统计指标数据,结合呼伦贝尔市实际,将呼伦贝尔市生态足迹账户划分为生物资源账户和能源账户两类。

（4）生物资源与能源账户建立

对国民经济和社会发展统计指标进行收集汇总后，得出各盟市生态足迹计算中生物资源账户共计 23 项，分别为小麦、玉米、水稻、薯类、大豆、油料、甜菜、蔬菜、酒、糖、水果、木材、猪肉、牛肉、羊肉、禽肉、禽蛋、奶类、乳制品、绵羊毛、山羊毛、山羊绒、水产品，按照各类生物资源的来源，将其划分到耕地、林地、草地、建设用地、化石能源用地 6 类生态生产性土地中。根据 1993 年联合国粮食及农业组织（FAO）公布的生物资源世界平均产量，对各盟市的消费品进行生态生产性面积折算。

结合数据的可获取性，各盟市能源账户共计 9 项，分别为：原煤、原油、焦炭、汽油、煤油、柴油、燃料油以及电力、热力。在能源足迹计算中，各类能源消费以世界单位化石燃料生产性土地面积的平均发热量为标准[10]，具体如表 4-1 所示。

表 4-1　蒙东能源账户

能源种类	生态生产性地类	折算系数/（GJ/t）	全球平均能源足迹
原　煤	化石能源用地	20.931	55 ha/cap
原　油	化石能源用地	41.868	93 ha/cap
焦　炭	化石能源用地	28.470	55 ha/cap
汽　油	化石能源用地	43.124	93 ha/cap
煤　油	化石能源用地	43.124	93 ha/cap
柴　油	化石能源用地	42.705	93 ha/cap
燃料油	化石能源用地	50.200	71 ha/cap
电　力	建设用地	11.840	$1\ 000\times10^4$ kW・h
热　力	建设用地	29.344	$1\ 000\times10^6$ kJ

（5）均衡因子及产量因子确定

① 均衡因子

均衡因子及产量因子的选择采用内蒙古及相似地区常用的数值（表 4-2）[11]，需要说明的是由于实际中没有专门预留出来用于吸收化石能源消费所产生的 CO_2 的土地，一般情况下，能源消费足迹通过吸收能源消费产生的 CO_2 所需要的林地面积表示，因此，化石能源用地均衡因子与林地相同[12]。

表 4-2　蒙东各生态生产性地类均衡因子取值

地类	耕地	林地	草地	建设用地	水域	化石能源用地
均衡因子	2.8	1.1	0.5	2.8	0.2	1.1

② 产量因子

耕地产量因子为内蒙古每年单位耕地面积粮食产量与世界单位耕地面积粮食产量的比值（由于建设用地多由耕地转化而来，因此其产量因子取值与耕地相等[13]）；草地产量因子取值 0.91；林地及水域产量因子按照我国生态足迹计算分别取值 0.91 和 1.00[13,14]，现实中化石能源用地并不专门存在,因此其产量因子取 0。

4.1.2 最大值合成法

GIMMS NDVI 3g 数据来源于美国 NASA (National Aeronautics and Space Administration)发布的搭载在 NOAA 卫星上的 AVHRR 传感器获取的植被产品(https://www.nasa.gov),经过辐射校正和几何粗校正,并进一步对每日、每轨影像进行几何精校正、除坏线、除云等处理,进而计算 NDVI 值及合成影像。计算公式为 NDVI = 1 000 × $(b_2 - b_1)/(b_2 + b_1)$,其中 b_1、b_2 为 AVHRR 的第 1、2 通道[15,16]。该数据空间分辨率约为 8 km,时间分辨率为 15 d,时间长度为 1981 年 7 月—2015 年 12 月,是目前研究植被 NDVI 变化时间序列最长的数据集,该产品已被广泛应用于全球及区域大尺度的植被变化研究[17-19]。该数据为 ncd 格式,每年包括两个 nc4 文件,每个 nc4 文件包含 6 个月的 NDVI 数据,每月包含上、下半月两幅影像。运用 MatlabR2014a 将数据格式转化为 GeoTIFF 格式,获得 35 年内 852 幅 NDVI 半月合成影像。NDVI 值的范围为 -1 到 1,其中,负值表示地表为水体等,0 表示地表为裸土等,0—1 表示地表为植被覆盖[17]。

为反映植被的年际变化特征,采用生长季 NDVI 合成值表征植被生长。由于气温低、积雪覆盖,蒙东地区多数植被在冬季几乎停止生长,区域内植被生长季约为每年的 4—10 月份。为获取 1981—2015 年蒙东草原矿区植被覆盖度的时空变化趋势,首先,依据各年份每个月上、下半月的 NDVI 最大值,采用最大值合成法(maximum value composites,MVC)获取月 DNVI 最大值。其次,通过各年份生长季(4—10 月)月 NDVI 值获取蒙东地区 35 年间每个像元年生长季最大值,以反映 NDVI 年际变化特征(图 4-1),具体计算公式为:

$$MNDVI_{ij} = MAX(NDVI_{ij1}, NDVI_{ij2}) \tag{4-4}$$

$$GNDVI_i = MAX(MNDVI_{i4}, MNDVI_{i5}, \cdots, MNDVI_{i9}, MNDVI_{i10}) \tag{4-5}$$

式中,i 为年序号($i = 1, 2, \cdots, 35$);j 为月序号($j = 1, 2, \cdots, 12$);$MNDVI_{ij}$ 年第 i 月的 NDVI 最大值;$NDVI_{ij1}$ 为第 i 年第 j 月上半月的 NDVI 值;$NDVI_{ij2}$ 为第 i 年第 j 月下半月的 NDVI 值;$GNDVI_i$ 为第 i 年生长季的 NDVI 最大值。1981 年(第 1 年)数据源生长季只有 7、8、9、10 月的数据。

4.1.3 趋势线分析法

趋势线分析法作为常用的定量预测方法,能够清楚地表达栅格中逐个栅格像元的变化规律,从而更好地体现研究区时间序列要素(GNDVI、气温、降水、残差等)的时空变化特征。为分析蒙东地区 GNDVI、气温、降水量、人类活动影响的年际变化情况,利用一元线性回归分析逐个栅格像元的变化趋势,并将线性回归方程的斜率定义为要素的年际变化趋势率(slope)[20]。slope 具体计算公式为:

$$slope = \frac{n \cdot \sum_{i=1}^{n}(i \cdot x_i) - \sum_{i=1}^{n}i \sum_{i=1}^{n}x_i}{n \cdot \sum_{i=1}^{n}i^2 - \left(\sum_{i=1}^{n}i\right)^2} \tag{4-6}$$

式中,slope 为某一要素(GNDVI、气温、降水、残差)与时间年份拟合的一元线性回归方程的斜率,表示该要素的年际变化趋势;i 为年序号($i = 1, 2, \cdots, 35$);n 为时间序列长度,$n = 35$;

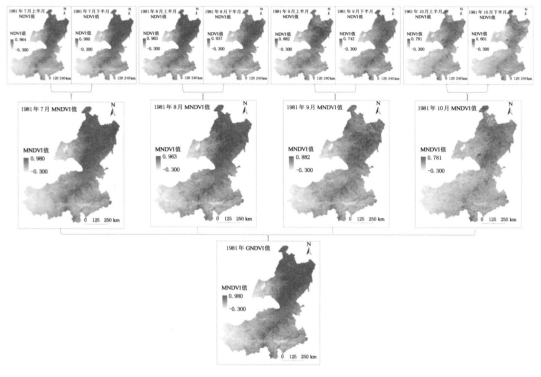

图 4-1 1981 年蒙东 GNDVI 值

NDVI 为第 i 年生长季的 $GNDVI_i$ 值。若 slope＞0，表明 1981—2015 年要素呈增加的趋势；若 slope＝0，表明 1981—2015 年要素无明显变化；若 slope＜0，表明 1981—2015 年要素呈减少的趋势。slope 的绝对值越大，表明变化速率越大。

相关系数 r 可用于判定变化趋势的显著程度，r 值的正负反映要素随时间变化的增加或减少，相关系数 r 的显著性可用 t 分布检验，具体计算公式如式（4-7）和式（4-8）所示。依据显著性检验结果，将变化趋势分为 5 个等级，如表 4-3 所示。

$$r = \sqrt{\frac{n \cdot \sum_{i=1}^{n} i^2 - \left(\sum_{i=1}^{n} i\right)^2}{n \cdot \sum_{i=1}^{n} x_i^2 - \left(\sum_{t=1}^{n} x_i\right)^2}} \cdot \text{slope} \tag{4-7}$$

$$t = \frac{r}{\sqrt{1-r^2}}\sqrt{n-2} \tag{4-8}$$

表 4-3 变化趋势类型划分

变化趋势类型	变化斜率	显著性水平 p
极显著减少		$p < 0.01$
显著减少	solpe＜0	$0.01 < p < 0.05$
基本不变	solpe＝0	$p > 0.05$

表 4-3(续)

变化趋势类型	变化斜率	显著性水平 p
显著增加	solpe>0	$0.01 < p < 0.05$
极显著增加		$p < 0.01$

4.1.4　相关性分析

矿区生态系统作为复杂的系统,系统中一个要素的变化必然会引起另一个要素的变化。本章利用矿区与缓冲区(10 km、20 km、30 km、40 km、50 km)GNDVI 均值的相关性,分析 25 个矿区对周边区域植被覆盖度变化的影响;利用气温、降水量与 GNDVI 均值的相关性分析,获得 25 个矿区植被变化与气温、降水量的相关关系。具体计算公式为:

$$\rho_{X,Y} = \mathrm{corr}(X,Y) = \frac{\mathrm{cov}(X,Y)}{\sigma_X \sigma_Y} = \frac{E[(X - \mu_X)(Y - \mu_Y)]}{\sigma_X \sigma_Y} \tag{4-9}$$

式中,Person 相关系数通过协方差与两个变量的标准差得到,取值范围为 -1 到 1,当两个变量的相关性越大时,相关系数的绝对值越趋近 1。

4.1.5　残差分析

植被变化除受气候影响外,同时也会受到人类活动的影响。Evans 和 Geerken[21] 提出采用残差分析方法区分植被覆盖度变化的人为因素影响。该方法首先计算出 GNDVI 的模拟值,然后用 GNDVI 的观测值(GIMMS AVHRR NDVI 合成的 GNDVI)减去模拟值,即为残差,是人类活动影响下的 GNDVI。具体计算公式为:

$$\mathrm{GNDVI}_P = a \times T + b \times P + c \tag{4-10}$$

$$\mathrm{GNDVI}_r = \mathrm{GNDVI}_O - \mathrm{GNDVI}_P \tag{4-11}$$

式中,GNDVI_P 为模拟值;T 为平均气温;P 为年降雨量;a、b 为回归系数;c 为常数;GNDVI_r 为残差;GNDVI_O 为观测值。$\mathrm{GNDVI}_r > 0$,表明人类活动促进植被生长,草原生态环境得到改善;$\mathrm{GNDVI}_r < 0$,表明人类活动阻碍植被生长,即人类活动加剧草原生态退化。

4.2　蒙东地区生态安全空间差异解析

4.2.1　生态足迹时间序列

(1) 生态足迹变化

利用生态足迹模型,对 2008 年、2012 年和 2016 年呼伦贝尔市、兴安盟、锡林郭勒盟、赤峰市和通辽市人均生态足迹状况分别进行计算,结果如图 4-2 所示。由图可知,2008—2016 年,兴安盟、赤峰市和呼伦贝尔市人均生态足迹呈不断上升趋势,锡林郭勒盟和通辽市人均生态足迹呈现先增后减趋势。

① 生态足迹增长趋势

由图 4-2 知,2008—2016 年,5 盟市生态足迹总体呈现上升趋势。从 2008 年到 2016 年,兴安盟由 3.660 5 ha/cap 上升至 6.980 1 ha/cap,锡林郭勒盟由 7.491 2 ha/cap 上升至

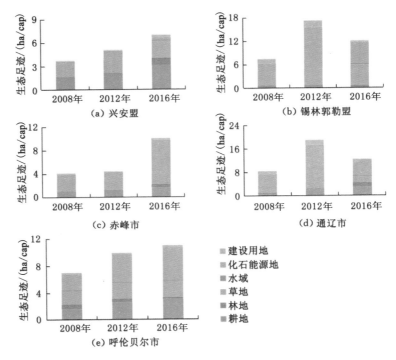

图 4-2　2008—2016 年 5 盟市各类生态用地人均生态足迹变化趋势

12.074 3 ha/cap,赤峰市由 3.991 3 ha/cap 上升至 10.054 0 ha/cap,通辽市由 8.605 7 ha/cap 上升至 12.596 3 ha/cap,呼伦贝尔市由 6.900 1 ha/cap 上升至 11.039 7 ha/cap。其中,兴安盟、赤峰市和呼伦贝尔市生态足迹呈现稳步上升趋势,而锡林郭勒盟与通辽市生态足迹呈现先增后减趋势,出现此种差异主要是能源足迹的不稳定性变化导致的。

②　生态足迹增长驱动力

分析各盟市 2008—2016 年各组分生态足迹占总生态足迹比例可知,农牧业和化石能源用地的消费利用成为生态足迹增长的主要驱动力,其生态足迹占各地区生态足迹的 80% 以上。

5 盟市耕地和草地生态足迹呈现降低趋势,以兴安盟为例,因农牧业发展产生的人均生态足迹占总生态足迹的比例由 2008 年的 92.29% 降低至 2016 年的 76.86%。而能源足迹对总生态足迹贡献与日俱增,如锡林郭勒盟人均能源足迹占比由 2008 年的 29.90% 上升至 2016 年的 47.25%。

(2) 生态承载力变化

2008 年、2012 年和 2016 年草原矿区 5 盟市人均生态承载力状况如图 4-3 所示。由图可知,5 盟市生态承载力总体均呈升高趋势。

①　生态承载力变化趋势

根据图 4-3 可知,2008—2016 年,5 盟市人均生态承载力均呈现小幅度上升趋势:兴安盟人均生态承载力由 5.259 9 ha/cap 上升至 5.790 9 ha/cap,锡林郭勒盟由 4.045 3 ha/cap 上升至 4.284 8 ha/cap,赤峰市由 2.454 4 ha/cap 上升至 2.737 9 ha/cap,通辽市由 2.927 1 ha/cap 上升至 3.286 4 ha/cap,呼伦贝尔市由 8.071 0 ha/cap 上升至 10.053 2 ha/cap。

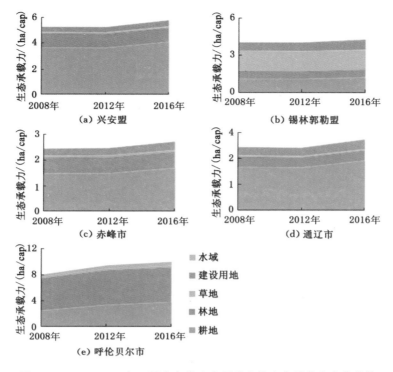

图 4-3 2008—2016 年 5 盟市各类生态用地人均生态承载力变化趋势

② 生态承载力主要组分

通过分析各盟市 2008—2016 年各组分生态足迹所占总生态足迹比例可知,耕地、林地、草地是各盟市生态承载力变化的主要组分。其中,耕地是构成兴安盟、赤峰市、通辽市生态承载力的最主要组分,占总承载力的 60% 以上。锡林郭勒盟主要承载力为草地,占总承载力的 30% 以上。此外,林地为呼伦贝尔市生态承载力的重要组分,占总承载力的 50% 以上。

造成各盟市生态承载力出现变化的主要原因为耕地面积变化,由于农业水平提高和人口增多,农产品需求与日俱增,越来越多的其他地类转化为耕地,且超过了人口增长比例,因此,耕地面积增加,人均生态承载能力增强。

(3) 生态赤字/盈余波动

经计算 2008 年、2012 年和 2016 年草原矿区 5 盟市人均生态足迹和人均生态承载力后,得出其生态赤字/盈余结果,如图 4-4 所示。由图 4-4 知,2008—2016 年,5 盟市均出现生态赤字现象,其中,赤峰市和呼伦贝尔市生态赤字呈连续增长趋势,生态可持续性日益恶化。其余 3 盟市生态赤字先增后减,说明生态环境恶化后现处于好转状态。

① 以畜牧过度为主造成的生态赤字加剧

通过对 5 盟市 2008—2016 年人均生态足迹、生态承载力核算可知,草地利用强度增大,畜牧业产品过量产出超出了草地原本的生态承载能力,赤字状况持续增大。经计算,2008 年,5 盟市草地生态承载力平均为 0.448 4 ha/cap,生态足迹为 2.327 ha/cap,生态赤字平均为 1.878 6 ha/cap。2016 年,草地生态承载力平均为 0.443 1 ha/cap,生态足迹为 2.818 1 ha/cap,生态赤字平均为 2.375 06 ha/cap,草地可利用面积的减少使得生态承载力从根本

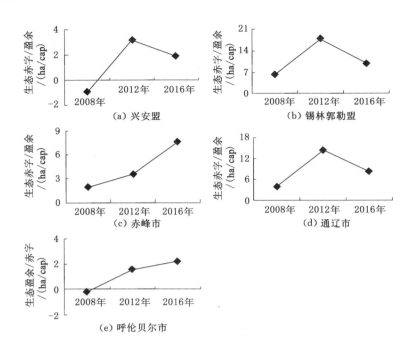

图 4-4　2008—2016 年 5 盟市生态赤字/盈余变化趋势

上降低,而粗放的畜牧业发展及过度利用使得草地利用强度增加,草地生态赤字矛盾加剧。

② 以能源消耗变动为主造成的生态赤字波动

对以畜牧业和煤炭开采为主的草原矿区而言,与草地持续过度利用相比,受煤炭市场不稳定性影响,煤炭开采消费产生的化石能源足迹对当地生态足迹影响更不稳定。2012 年正值煤炭市场繁荣时期,煤炭开采消费呈现快速增长,由此产生的生态足迹明显增强;近两年,煤炭市场回温,开采及消费量有所减少,个别煤矿出现停产现象。以锡林郭勒盟煤炭消费为例,2012 年,煤炭年消费量 2 750.72 万 t,是 2008 年的 5.90 倍,2016 年煤炭年消费量 579.81 万 t,约为 2012 年年消费量的 1/5,因煤炭消费大幅度变动,对应的化石能源足迹由 2008 年的 1.728 6 ha/cap 上升至 2012 年的 10.059 8 ha/cap,然后降低至 2016 年的 5.538 4 ha/cap。

4.2.2　生态安全空间序列

(1) 生态安全变化趋势

根据生态压力指数＝人均可更新能源足迹(除化石能源足迹外)/人均生态承载力,生态压力指数越小,生态安全性越高。计算 2008 年、2012 年及 2016 年干旱半干旱草原矿区 5 盟市生态压力指数,如表 4-4 所示。2008—2016 年,除呼伦贝尔市外,其余 4 盟市生态压力指数均呈现先增后减趋势,但 2016 年与 2008 年相比总体升高,生态环境压力增强。

(2) 生态安全等级变化

由生态安全指数及生态安全等级划分标准,得出 2008—2016 年 5 盟市生态安全空间等级变化情况,如图 4-5 所示。

表 4-4　2008—2016 年 5 盟市生态压力指数

年份	兴安盟	锡林郭勒盟	赤峰市	通辽市	呼伦贝尔市
2008	0.65	1.30	1.06	1.61	0.55
2012	2.03	2.13	2.93	4.29	0.60
2016	1.13	1.48	1.59	2.10	0.61

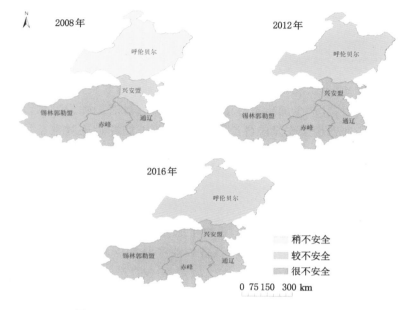

图 4-5　2008—2016 年 5 盟市生态安全等级分布图

根据生态安全等级划分标准,结合表 4-4 可知,2008—2016 年内蒙古草原矿区 5 盟市的生态压力指数主要占三个级别:2008 年,除兴安盟位于较不安全级(0.65),呼伦贝尔市位于稍不安全级(0.55)之外,锡林郭勒盟、赤峰市和通辽市均处于很不安全状态(生态压力指数≥1.0)。2012 年和 2016 年,除呼伦贝尔市生态安全处于较不安全级以外,其余 4 盟市生态环境均恶化为很不安全级,但 2016 年生态安全指数相较于 2012 年有所降低,生态安全状况总体有所好转,但面临生态环境压力较大,应予以高度重视。

4.2.3　生态安全差异解析

(1) 人均生态足迹

通过比较 5 盟市各组分生态足迹(图 4-6),对 5 盟市生态足迹各影响因素进行具体分析。由图 4-6 可知,2016 年通辽市人均生态足迹最大,为 12.596 4 ha/cap,其次是锡林郭勒盟、呼伦贝尔市、赤峰市和兴安盟。兴安盟人均生态足迹最小,为 6.980 2 ha/cap,约为通辽市人均生态足迹的 55.40%。

从生态足迹账户角度,对各盟市生态足迹现状进行对比分析可知:

① 煤炭消耗对生态足迹贡献率最高

由图 4-6 知,2016 年,除兴安盟外,化石能源足迹在其余 4 个盟市的生态足迹构成中所

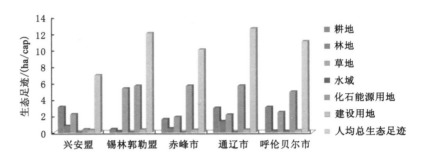

图 4-6　2016 年内蒙古草原矿区 5 盟市生态足迹

占比重最大。而以煤炭、电力和煤化工为主的内蒙古经济,煤炭资源是其重要的引擎资源,在促进经济增长的同时,其产生的生态环境负效益也极其显著。呼伦贝尔市、锡林郭勒盟、赤峰市和通辽市 4 个盟市的生态足迹各组分贡献中,化石能源足迹对生态足迹的贡献率最大。在化石能源足迹组分中,煤炭消耗造成的生态环境压力最大,煤炭消耗生态足迹均占化石能源足迹的 90% 以上。因此,煤炭资源消费成为各盟市生态环境恶化的重要原因。

兴安盟与之不同,其生态环境压力主要来自农牧业。一方面,兴安盟作为粮食生产先进县,粮食产量近年来呈上升趋势,又因耕地产量因子在各生态生产性地类中最高,因此,同等情况下,耕地产生的生态足迹比草地生态足迹更为明显;另一方面,作为以畜牧业为主要产业的兴安盟,牧业开垦种植以及畜牧业产品的需求增长成为其生态环境压力较大的因素。

② 农牧业产出对生态环境压力起次要作用

农牧业产出对生态环境的压力仅次于化石能源消耗。对于以畜牧业为主要产业的草原矿区城市,草地是其生态承载力的主体,而随着肉、蛋、奶等畜牧产品消费的迅速增加,草地生态足迹增大,特别是以畜牧业为重要产业发展的锡林郭勒盟,草地生态足迹占生态足迹总量的 44.51%。与之相应的草地供给不足,加之传统的粗放型经营方式,使得草地生态愈加脆弱,草地生态压力增大。

此外,生态环境观念淡薄及经济利益驱动,垦殖耕地种植粮食成为牧区人民的选择,农产品产量的增加使土地生态压力增大,经计算,除兴安盟和锡林郭勒盟耕地生态足迹分别占生态足迹总量的 44.85%、3.70% 之外,其余 3 市在 16%—28% 之间,农业发展引发的生态问题不容忽视。

③ 城市化水平提高对生态环境压力起微驱动作用

近年来,内蒙古地区城镇化进程的加快,使得一定面积草地转变为建设用地,在开发利用的同时,对自然生态系统产生了一定的不良影响,使得生态足迹增大,但与化石能源、耕地和草地生态足迹相比,建设用地生态足迹占总生态足迹的比例最高约 4.78%(兴安盟),最小约 2.36%(呼伦贝尔市),驱动作用不甚明显。

(2) 人均生态承载力

由图 4-7 可知,草地、耕地和林地构成草原矿区生态承载力的主要来源。2016 年,各盟市人均生态承载力最大的是呼伦贝尔市(10.053 2 ha/cap),其次为兴安盟、锡林郭勒盟、通辽市,最小的为赤峰市(2.737 9 ha/cap),仅占呼伦贝尔市的 27.23%。

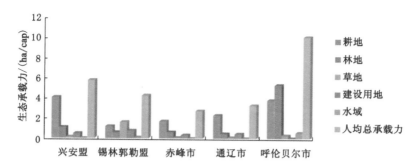

图 4-7　2016 年草原矿区 5 盟市生态承载力

各盟市生态承载力分析如下：

① 呼伦贝尔市——林地、耕地为主要生态承载力

由图 4-7 可知,在呼伦贝尔市各生态承载力组分中,林地是呼伦贝尔市主要承载力来源。除实施禁止天然林商业性砍伐政策以外,呼伦贝尔市还实行了"天然林保护、三北防护林、森林抚育、森林生态效益补偿、退耕关林"等多项林地保护措施,更大程度上加强了对林地资源的保护、管理和合理利用,对林地的生态承载力的提高具有较大促进作用。

② 锡林郭勒盟、兴安盟、通辽市和赤峰市——耕地、草地为主要生态承载力

由图 4-7 可知,锡林郭勒盟人均草地承载力最高,为 1.628 4 ha/cap。锡林郭勒盟作为内蒙古传统农牧区,与呼伦贝尔市相比,一方面,锡林郭勒盟草地面积为 1794.46 万 ha,比呼伦贝尔市大 803.91 万 ha,另一方面,锡林郭勒盟人口密度较小,总人口数量仅 104.69 万人,而呼伦贝尔市总人口数量为 252.76 万人,锡林郭勒盟二分之一人口数量拥有着两倍多的草地面积,因此,锡林郭勒盟"人少草地多"是其草地生态承载力较高的主要原因。

除草地外,随着人类技术进步及需求的增多,耕地垦殖面积不断扩大,由图 4-7 可知,现阶段,除锡林郭勒盟以外,在其他 4 个盟市中,人均耕地承载力已成为其重要的生态承载力组分。

（3）人均生态赤字/盈余分析

根据草原矿区各盟市生态足迹和生态承载力计算结果,扣除 12% 生物多样性保护面积之后,计算得出 2016 年 5 盟市人均生态赤字/盈余,结果如图 4-8 所示。根据图 4-8 可知,2016 年,5 盟市整体上均处于生态赤字状态,人均生态需求高于当地生态性供给是 5 盟市面临的共同问题。其中,生态赤字最大的是通辽市(9.704 3 ha/cap),生态赤字最小的是呼伦贝尔市(1.884 2 ha/cap),通辽市人均生态赤字是呼伦贝尔市的 5.15 倍。

通过对各盟市生态赤字/盈余组分进行总体分析后,可知：

① 化石能源用地、草地是 5 盟市主要生态赤字组分

化石能源尤其是煤炭消耗是 5 盟市生态赤字的主要原因。虽然,近年来,生态治理力度不断增大,退耕还林还草、天然林保护、京津风沙治理等一系列国家重点生态工程开始实施,但"产能过剩"仍然是草原矿区城市存在的重要问题。所以,化石能源用地,特别是以煤炭资源为支撑引导的一系列煤化工、电力等产业用地成为各草原矿区城市生态赤字的主要原因。因此,学习先进资源利用技术、促进"节能减排"、转变能源结构、构建生态安全屏障、提高生态环境质量,成为草原矿区城市亟待解决的重要问题。

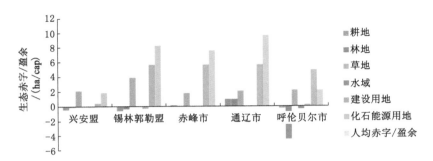

图 4-8　2016 年草原矿区 5 盟市生态赤字/盈余

此外,5 盟市草地均呈生态赤字状态,其中,锡林郭勒盟生态赤字最大(3.929 4 ha/cap),而 4 盟市人均草地生态赤字面积均在 1.8 ha 以上,这与当地粗放牧业经营方式、过量的畜牧业产品需求以及过度利用草地导致生态环境破坏产生的负向累积相关。

② 耕地、林地是 5 盟市主要生态盈余组分

在 5 盟市总体上处于生态赤字状态时,由图 4-8 可知,兴安盟、锡林郭勒盟、赤峰市和呼伦贝尔市人均耕地面积呈生态盈余状态,这也是以上 3 盟市(除呼伦贝尔市以外)主要的生态盈余组分。近年来,土地利用结构转变,耕地面积增加,越来越多的其他土地转化为耕地,而如何提高耕地利用效率,减少草地破坏,成为 5 盟市面临的问题之一。

5 盟市中,除通辽市林地出现赤字状态(0.962 9 ha/cap)以外,其余 4 盟市林地均为生态微盈余状态,说明当地各级政府出台病虫害防治、生态补偿、退耕还林等一系列生态保护政策,效果显著。

此外,建设用地呈生态微盈余状态(平均值−0.037 ha/cap),这与当地经济发展水平较低有关。水域呈生态微赤字状态(平均值 0.028 ha/cap),草原的矿区城市多处于干旱半干旱气候区,与湿润多雨的地区不同,其第一产业主要以农牧业为主,因此,水域用地对于当地生态环境影响甚微。

综合以上,5 盟市各生态土地类型出现赤字现象,现阶段,内蒙古正在进行传统农牧业向工业化、城镇化乃至多元化的产业经济发展方向过渡,因此,在其发展过程中,资源环境开发利用强度增大,生态系统压力增加,自然生态承载力降低,出现生态赤字现象。因此,如何在"生态文明"理念的正确引导下,建立集约节约型、环境友好型、清洁生产型发展模式,促进经济-社会-生态协调发展,成为各盟市当下面临的重要问题。

4.3　蒙东地区植被覆盖总体变化

图 4-9 为 1981—2015 年蒙东地区植被覆盖度变化趋势。图 4-9(a)显示,蒙东地区总体上植被覆盖度变化斜率 slope 的取值范围为−0.008—0.002。依据斜率的显著性,对蒙东地区植被时空变化趋势进行分级,如图 4-9(b)和表 4-5 所示。其中,蒙东地区约 61.29% 的像元植被覆盖度变化不明显,16.86% 的像元植被覆盖度呈现减少的趋势,主要分布在通辽市的西北部、赤峰市的北部及呼伦贝尔市的中部地区,21.85% 的像元植被覆盖度呈现增加的趋势,主要分布在呼伦贝尔市的西部、兴安盟的南部、赤峰市及通辽市的西南部地区。

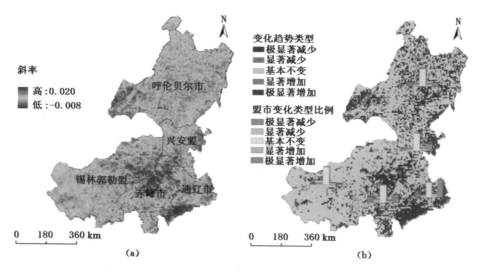

图 4-9 1981—2015 年蒙东地区植被覆盖度变化趋势

表 4-5 蒙东地区植被变化趋势类型比例

变化类型	栅格数量	比例/%
极显著减少	1 165	10.61
显著减少	687	6.25
基本不变	6 733	61.29
显著增加	797	7.26
极显著增加	1 603	14.59

呼伦贝尔市植被覆盖度变化斜率 slope 的取值范围为 −0.008—0.002,其中,58.65% 的像元植被覆盖度基本不变,20.43% 的像元植被覆盖度趋于增加,主要分布在新巴尔虎左旗、新巴尔虎右旗、额尔古纳市及扎兰屯,20.92% 的像元植被覆盖度有所减少,主要分布在鄂温克自治旗、牙克石及鄂伦春自治旗。锡林郭勒盟植被覆盖度变化斜率 slope 的取值范围为 −0.005—0.005,80.12% 的像元植被覆盖度基本无明显变化,10.52% 的像元植被覆盖度呈现增加的趋势,主要分布在锡林浩特市、阿巴嘎旗及苏尼特左旗,9.36% 的像元植被覆盖度显著减少,主要分布在苏尼特右旗和西乌珠穆沁旗。赤峰市植被覆盖度变化斜率 slope 的取值范围为 −0.006—0.007,植被覆盖度基本不变的像元比例为 47.45%,翁牛特旗、喀喇沁旗、宁城县及敖汉旗约 27.39% 的像元植被覆盖度呈现增加的趋势。通辽市植被覆盖度变化斜率 slope 的取值范围为 −0.005—0.007,35.80% 的像元植被覆盖度无显著变化,50.37% 的像元植被覆盖度呈现增长的趋势,主要分布在奈曼旗、库伦旗、开鲁县、科尔沁左翼后旗及科尔沁左翼中旗。兴安盟植被覆盖度变化斜率 slope 的取值范围为 −0.004—0.007,56.45% 的像元植被覆盖度基本无显著变化,29.55% 的像元植被覆盖度增长较为显著。比较各盟市植被覆盖度增加趋势(显著增加和极显著增加的像元比例),通辽市植被状况较好,呼伦贝尔市较差,锡林郭勒盟最差。这与包岩等人研究结果基本一致[17]。

4.4 蒙东 25 个矿区植被覆盖变化特征

4.4.1 25 个矿区开采前后植被变化

近 35 年蒙东 25 个矿区开采前后生长季的植被覆盖度如图 4-10 所示。呼伦贝尔市,宝日希勒矿开采前后 GNDVI 变化斜率均小于 0,表明植被覆盖度呈减少趋势,且开采后下降趋势高于开采前;伊敏露天矿开采后植被覆盖度显著减少;灵东矿、灵露矿、呼盛矿、蒙西一井、天顺矿及牙克石胜利矿开采前后 GNDVI 变化斜率均大于 0,说明其植被覆盖度呈现增长的趋势;扎泥河矿开采前 GNDVI 变化斜率小于 0,开采后大于 0,表明开采后矿区植被覆盖度显著增加;铁北矿开采后植被覆盖度呈现增长趋势。锡林郭勒盟,胜利一号矿开采后植被覆盖度有所增加;白音华一号矿、白音华煤电矿及白音华海州矿开采前后 GNDVI 变化斜率均小于 0,表明植被覆盖度均呈现减少的趋势;白音华三号矿、白音华四号矿二期及多伦矿的植被度盖度开采前呈减少的趋势,而开采后 GNDVI 变化斜率大于 0,植被覆盖度呈增加的趋势;胜利东二号矿开采前后 GNDVI 变化斜率大于 0,植被覆盖度有所增加。通辽市,霍林河一号矿、扎哈淖尔矿开采后 GNDVI 变化斜率小于 0,植被覆盖度呈现显著减少的趋势;金源里矿开采后植被覆盖度有所增加。赤峰市,元宝山矿、老公营子矿及六家矿开采后植被覆盖度均呈现减少趋势,风水沟矿开采后植被覆盖度明显增长。

蒙东五盟市中,呼伦贝尔市、锡林郭勒盟分布煤矿较多。1981—2015 年,呼伦贝尔市像元栅格中,41.35% 植被覆盖度发生变化,其中 20.92% 呈现下降趋势,结合图 4-10 看出,呼伦贝尔市矿区中,具有较大规模的宝日希勒矿、伊敏露天矿矿区开采后植被覆盖度下降趋势明显,表明这两个矿植被覆盖度下降对呼伦贝尔市植被总体覆盖度下降的贡献率较大。锡林郭勒盟像元栅格中,19.88% 植被覆盖度发生变化,其中 10.51% 呈现增加趋势,结合图 4-10 看出,锡林郭勒盟矿区中,胜利一号矿、白音华三号矿、胜利东二号矿、白音华四号矿二期、多伦矿矿区开采后植被覆盖度增加趋势明显,表明这些矿植被覆盖度增加对锡林郭勒盟植被总体覆盖度增加的贡献率较大。

4.4.2 25 个矿区及缓冲区植被覆盖度相关性

利用 SPSS 21.0 分别对 25 个矿区与其 10 km、20 km、30 km、40 km 和 50 km 缓冲区的开采前后 GNDVI 均值进行相关性分析,如图 4-11 所示。其中,伊敏矿、铁北矿、胜利一号矿、霍林河一号矿及风水沟矿不考虑开采前矿区与缓冲区 GNDVI 的相关性。从图中可以看出,除灵东矿、天顺矿、扎哈淖尔矿、老公营子矿及六家矿外,其余 15 个矿区与缓冲区开采前后的 GNDVI 相关系数均超过 0.5,在 0.01 置信水平上显著相关,表明蒙东大型矿区 GNDVI 与缓冲区 GNDVI 具有一定的相关性,两者整体变化趋势相同,且开采后相关系数变大,说明煤矿开采活动一定程度上影响了矿区周围的植被变化。灵东矿、天顺矿开采前矿区与 50 km 缓冲区 GNDVI 相关系数小于 0.5,开采后相关系数变大。铁北矿开采后矿区与缓冲区 GNDVI 相关系数小于 0.5,相比较其他矿区,矿区植被对周围植被的影响程度较小。扎哈淖尔矿开采前后矿区对周围 20—50 km 植被具有较小的影响。老公营子矿开采后矿区对周围植被影响变小。六家矿开采后矿区对周围植被的影响程度明显增强。

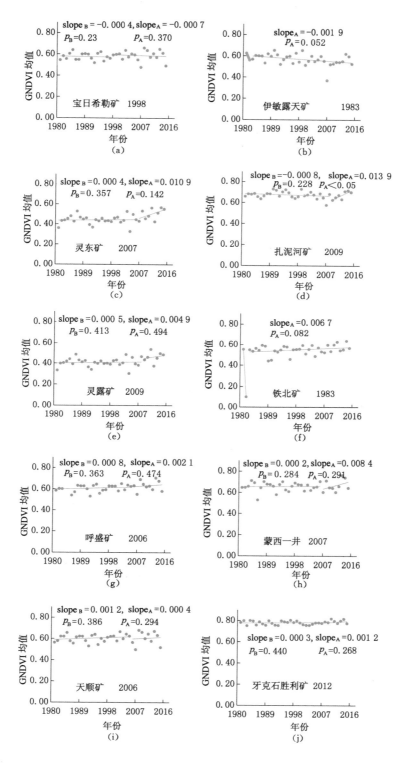

图 4-10 1981—2015 年蒙东 25 个大型矿区开采前后 GNDVI 均值变化趋势

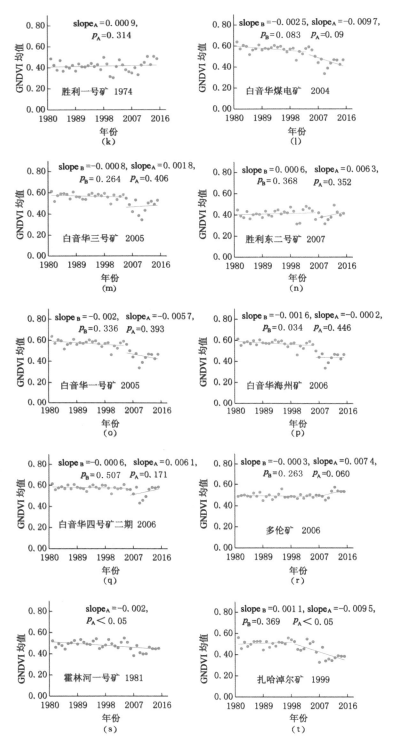

图 4-10(续)

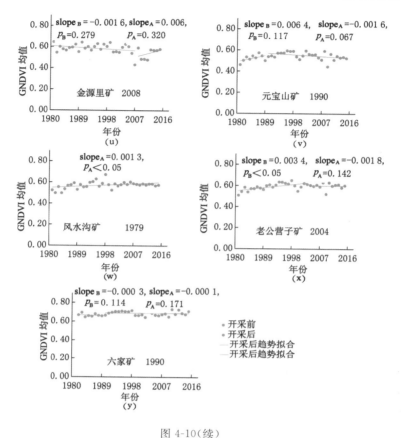

图 4-10(续)

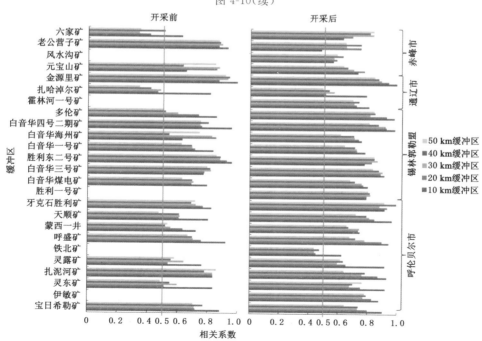

图 4-11 蒙东矿区与其缓冲区开采前后 GNDVI 均值的相关性

4.5 气温、降水量与矿区植被覆盖变化相关性

4.5.1 蒙东气温、降水量年际变化

运用 ArcGIS 的地统计分析工具,对蒙东 16 个台站的年平均气温、年降水量进行空间插值,得到蒙东 1981—2015 年年平均气温及年降水量的空间分布状况,气温及降水量的变化斜率如图 4-12 所示。

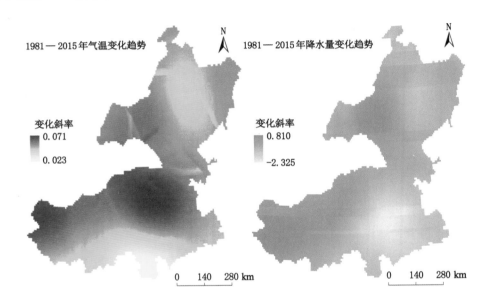

图 4-12　1981—2015 年蒙东气温及降水变化趋势

从图 4-12 中可以看出,1981—2015 年蒙东地区年平均气温的变化斜率范围为 0.023—0.071,均大于 0,说明蒙东地区气温整体呈上升趋势。就气温的空间分布而言,呼伦贝尔市西部、东北部区域气温上升趋势高于中部、北部区域,锡林郭勒盟东北部、赤峰市北部、通辽市西北部及兴安盟南部区域东北部气温呈明显的上升趋势,锡林郭勒盟西部区域气温上升明显。1981—2015 年蒙东区域年降水量变化斜率范围为 -2.325—0.810,空间分布差异明显,呼伦贝尔市西部、锡林郭勒盟区域年降水量呈现增加趋势,赤峰市、通辽市降水量呈显著减少趋势。

各盟市 1981—2015 年降水量、气温与 GNDVI 均值变化趋势如图 4-13 所示。呼伦贝尔市降水量年际变化明显,降水量与植被 GNDVI 值变化趋势大体一致,2007 年降水量最少,约为 215.6 mm,植被 GNDVI 值最小为 0.73,2013 年降水量明显上升至 790.4 mm,植被 GNDVI 值为 0.78,气温与植被 GNDVI 值变化趋势不具有一致性;锡林郭勒盟降水量整体低于呼伦贝尔市,1998 年降水量为 373.8 mm,植被 GNDVI 值为 0.44,2007 年降水量下降至 154.5 mm,植被 GNDVI 值为 0.35,降水量与植被 GNDVI 值变化趋势基本一致,气温为 12—13 ℃,无明显变化,但植被 GNDVI 值年际变化较为明显;赤峰市、通辽市降水量年际

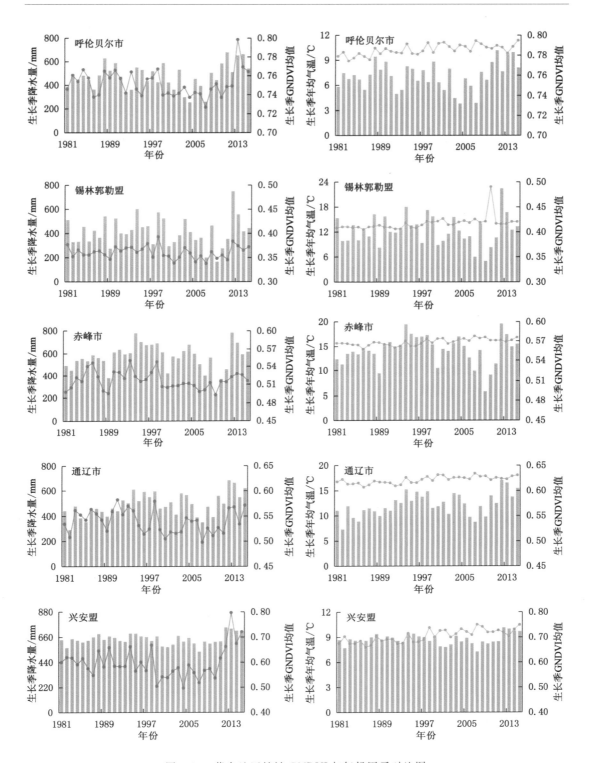

图 4-13 蒙东地区植被 GNDVI 与气候因子对比图

变化较为明显,与植被 GNDVI 值变化趋势较为一致。总体上看,蒙东地区植被生长变化与降水量变化趋势较为一致,气温变化与植被生长变化趋势存在一定的差异,降水量可能是影响植被生长变化的重要气候因子。

为获取降水量、气温对植被生长的影响,对各盟市植被 GNDVI 与气温、降水量进行相关性分析,如表4-6所示。从表中可以看出,植被 GNDVI 与气温的相关系数均小于0,与降水量相关系数均大于0,表明植被生长与气温呈负相关关系,而与降水量呈正相关关系,且降水量对植被生长的影响较为显著,说明蒙东地区降水量是影响植被生长的重要气候因子。

表 4-6　蒙东各盟市气温变化与 GNDVI 值的相关系数

盟　市	气温	降水量
呼伦贝尔市	−0.016	0.481**
锡林郭勒盟	−0.269	0.715**
赤峰市	−0.297	0.534**
通辽市	−0.199	0.392**
兴安盟	−0.113	0.627**

注:**代表0.01水平的显著性。

4.5.2　矿区植被变化与气温、降水量相关性

25 个矿区开采前后 GNDVI 与气温、降水量相关性如表4-7所示。从表中可以看出,除伊敏矿、霍林河一号矿外,其余矿区植被的生长与气温无显著的相关性。气温、降水量对伊敏矿矿区植被生长影响较为显著。宝日希勒矿、灵露矿、天顺矿开采前矿区植被的生长与降水量呈现显著的相关关系,开采后无明显相关性。蒙西一井、胜利东二号矿开采前后矿区植被生长与降水量的相关性较为显著。牙克石胜利矿、胜利一号矿、白音华三号矿、白音华一号矿、白音华海州矿、白音华四号矿二期、多伦矿、元宝山矿开采后矿区植被生长受到降水量的显著影响。然而,气温及降水量对灵东矿、扎泥河矿、铁北矿、呼盛矿、白音华煤电矿、扎哈淖尔矿、金源里矿、风水沟矿、老公营子矿、六家矿矿区植被的生长无显著的影响。

表 4-7　25 个矿区开采前后 GNDVI 与气温、降水量的相关性

| 矿区 | 开采前 | | 开采后 | |
	气温	降水量	气温	降水量
宝日希勒矿	0.292	0.562*	−0.361	0.226
伊敏矿	—	—	−0.419**	0.381*
灵东矿	−0.002	0.139	−0.166	0.213
扎泥河矿	−0.101	0.299	−0.264	0.729
灵露矿	−0.048	0.514**	−0.391	0.316
铁北矿			−0.195	0.108
呼盛矿	0.309	0.171	−0.582	0.547
蒙西一井	0.175	0.512**	−0.622	0.809**

表 4-7(续)

矿区	开采前		开采后	
	气温	降水量	气温	降水量
天顺矿	0.259	0.484*	−0.448	0.383
牙克石胜利矿	−0.195	0.237	−0.198	0.389*
胜利一号矿	—	—	−0.240	0.665**
白音华煤电矿	−0.323	0.138	−0.427	0.552
白音华三号矿	−0.184	0.347	−0.562	0.685*
胜利东二号矿	−0.042	0.434*	−0.658	0.807**
白音华一号矿	−0.288	−0.018	−0.433	0.691*
白音华海州矿	−0.096	0.284	−0.573	0.756*
白音华四号矿二期	−0.165	0.336	−0.536	0.641*
多伦矿	−0.189	0.206	−0.574	0.677*
霍林河一号矿	—	—	−0.534**	0.297
扎哈淖尔矿	0.109	−0.209	−0.307	0.474
金源里矿	−0.247	0.237	−0.177	0.587
元宝山矿	−0.304	0.219	−0.365	0.543**
风水沟矿	—	—	−0.759	0.590
老公营子矿	−0.086	0.379	−0.344	0.105
六家矿	−0.092	0.017	−0.194	0.158

注：** 和 * 分别代表 0.01 和 0.05 水平的显著性。

4.6 人类活动与矿区植被覆盖变化相关性

4.6.1 蒙东残差变化分析

气候变化可能是引起蒙东地区生长季植被变化的重要因素,但人类活动的影响也不可忽视。1981—2015 年 GNDVI 残差变化趋势如图 4-14 所示。1981—2015 年蒙东地区 GNDVI 值的变化斜率范围为 −0.003—0.000 8,表明该区域生长季植被变化受到一定程度的人类活动的影响。经统计分析,约 15.79% 的像元栅格变化斜率大于 0,主要分布在锡林郭勒盟的南部、西部地区,说明这些区域人类活动促进植被生长;约 84.21% 的像元栅格变化斜率小于 0,主要分布在呼伦贝尔市、兴安盟、通辽市、赤峰市及锡林郭勒盟的中部及东部区域,说明人类活动对这些地区的植被生长产生负向作用,造成一定的植被退化。

4.6.2 矿区 GNDVI 残差分析

伊敏矿、胜利一号矿、风水沟矿开采后 GNDVI 残差斜率均小于 0,表明人类活动负面作用正在加剧,造成矿区植被退化。铁北矿、霍林河一号矿开采后 GNDVI 残差斜率均大于 0,表明人类活动促进了矿区植被的生长,但由于显著性检验 p 值均大于 0.05,表明这种积极

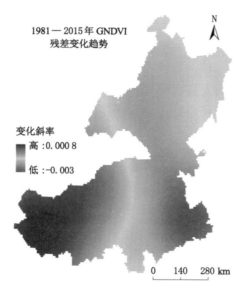

图 4-14　1981—2015 年 GNDVI 残差变化趋势

作用的影响不显著。图 4-15 为 20 个矿开采前后矿区 GNDVI 残差斜率及其显著性检验。元宝山矿、六家矿建于 1990 年，人类活动改善了元宝山矿区环境质量，促进了植被生长，但这种影响明显低于降水量对植被的影响，六家矿受人类活动的负面影响较为明显，植被出现退化趋势。宝日希勒矿开采前后 GNDVI 残差斜率均大于 0，且 p 值均小于 0.05，表明人类活动对矿区植被生长产生正向作用。宝日希勒矿于 1998 年开工建设，从图 4-10 中可以看出，矿区建设后植被覆盖度呈波动变化趋势，2007—2009 年矿区植被明显有所好转，这与开采区土地复垦及植被修复等生态恢复措施密不可分[22]。扎哈淖尔矿 1999 年开始建设，开采后矿区 GNDVI 残差斜率大于 0，p 值小于 0.05，说明人类活动并没有加剧植被的退化。白音华海州矿、白音华一号矿、白音华三号矿、白音华四号矿二期工程建于 2004 年以后，矿区植被生长受降水量的影响较大，受人类活动影响较小，但白音华煤电矿矿区植被受人类活动的负面影响较为显著。2004 年老公营子矿建设后，人类活动提高了植被覆盖度。2006 年呼盛矿、蒙西一井、天顺矿、多伦矿矿区开工建设，蒙西一井、多伦矿植被生长与降水量关系显著，呼盛矿、天顺矿的植被生长与降水量、人类活动均无明显的相关关系。灵东矿、灵露矿、胜利东二号矿 2007 年开工建设后，矿区植被变化趋势与开采前基本一致，整体呈现上升的趋势，但表 4-7 及图 4-15 显示灵东矿、灵露矿矿区植被覆盖度变化与降水量、气温及人类的关系不显著，可能是由于这两个矿区位于呼伦湖附近，可为植物生长提供较为丰富的水资源[23]，而胜利东二号矿植被生长受降水量影响较为明显。金源里矿 2008 年开工建设后，人类活动对植被生长产生正向作用。扎泥河矿 2009 年开工建设，开采后矿区人类活动残差斜率大于 0，p 值小于 0.05，表明人类活动对矿区植被生长产生的负面影响较小，植被生长状况较好。牙克石胜利矿 2012 年开始建设，与本章的时间段重合较小，其结果不能反映矿区植被覆盖度的变化状况。

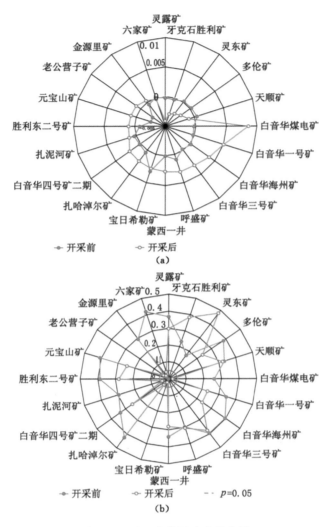

图 4-15　矿区人类活动残差分析

参考文献

[1] CIHLAR J,LY H,LI Z Q,et al. Multitemporal,multichannel AVHRR data sets for land biosphere studies—Artifacts and corrections[J]. Remote Sensing of Environment,1997,60(1):35-57.

[2] ZHAO J J,WANG Y Y,ZHANG Z X,et al. The variations of land surface phenology in northeast China and its responses to climate change from 1982 to 2013[J]. Remote Sensing,2016,8(5):400.

[3] ZHANG R,OUYANG Z T,XIE X,et al. Impact of climate change on vegetation growth in arid northwest of China from 1982 to 2011[J]. Remote Sensing,2016,8 (5):364.

［4］徐勇.植被覆盖动态变化及其与气候因子的时空响应特征研究［D］.徐州:中国矿业大学,2015.

［5］MENG M,HUANG N,WU M Q,et al. Vegetation change in response to climate factors and human activities on the Mongolian Plateau［J］. PeerJ,2019,7:7735.

［6］ZHANG P P,CAI Y P,YANG W,et al. Multiple spatio-temporal patterns of vegetation coverage and its relationship with climatic factors in a large dam-reservoir-river system［J］. Ecological Engineering,2019,138:188-199.

［7］谢文瑄,黄庆旭,何春阳.山东半岛城市扩展模式与生态足迹的关系［J］.生态学报,2017,37(3):969-978.

［8］徐明.基于生态足迹理论的区域可持续发展研究［D］.成都:四川省社会科学院,2017.

［9］余翠,李文龙,赵新来,等.能值-生态足迹模型支持的甘肃藏族高寒牧区可持续研究［J］.兰州大学学报(自然科学版),2017,53(3):368-375.

［10］WACKERNAGEL M,ONISTO L,BELLO P,et al. National natural capital accounting with the ecological footprint concept［J］. Ecological Economics,1999,29(3):375-390.

［11］任佳静.基于生态足迹模型的内蒙古自治区可持续发展定量分析［D］.呼和浩特:内蒙古大学,2012.

［12］王红旗,张亚夫,田雅楠,等.基于NPP的生态足迹法在内蒙古的应用［J］.干旱区研究,2015,32(4):784-790.

［13］杨艳,牛建明,张庆,等.基于生态足迹的半干旱草原区生态承载力与可持续发展研究:以内蒙古锡林郭勒盟为例［J］.生态学报,2011,31(17):5096-5104.

［14］王艳.基于生态足迹的神木矿区可持续发展研究［D］.北京:中国科学院研究生院,2012.

［15］BHAVANI P,ROY P S,CHAKRAVARTHI V,et al. Satellite remote sensing for monitoring agriculture growth and agricultural drought vulnerability using long-term (1982—2015) climate variability and socio-economic data set［J］. Proceedings of the National Academy of Sciences,India Section A:Physical Sciences,2017,87(4):733-750.

［16］田淑静,马超,谢少少,等.基于GIMMS AVHRR NDVI数据的神东矿区26年植被指数回归分析［J］.能源环境保护,2015,29(2):37-41.

［17］包岩,田野,柳彩霞,等.中国东部草原植被绿度时空变化分析及其对煤电基地建设的响应［J］.生态学报,2018,38(15):5423-5433.

［18］JEYASEELAN A T,ROY P S,YOUNG S S. Persistent changes in NDVI between 1982 and 2003 over India using AVHRR GIMMS (Global Inventory Modeling and Mapping Studies) data［J］. International Journal of Remote Sensing,2007,28(21):4927-4946.

［19］HALL-BEYER M. Patterns in the yearly trajectory of standard deviation of NDVI over 25 years for forest,grasslands and croplands across ecological

gradients in Alberta,Canada[J]. International Journal of Remote Sensing,2012,
33(9):2725-2746.

[20] 金凯.中国植被覆盖时空变化及其与气候和人类活动的关系[D].杨凌:西北农林
科技大学,2019.

[21] EVANS J,GEERKEN R. Discrimination between climate and human-induced
dryland degradation[J]. Journal of Arid Environments,2004,57(4):535-554.

[22] 北京天成矿通工程技术有限公司.内蒙古宝日希勒露天煤矿改扩建工程项目土地
复垦方案报告书[R].2007.

[23] 王志杰,李畅游,张生,等.基于水平衡模型的呼伦湖湖泊水量变化[J].湖泊科学,
2012,24(5):667-674.

5 大型露天矿土地覆被变化及生态累积效应研究

采矿活动的频度和力度影响了土地利用的变化程度与方向,进而影响了土地的生态效益。一方面,过度无序的开采活动以压占、挖损等形式造成土地污染、地面塌陷,改变了地表的结构,进而改变了区域土地利用和植被覆盖,削弱了区域生态服务功能;另一方面,土地整治与复垦等生态修复工程使矿区部分被破坏的土地资源被生态再利用,在数量及质量上对矿区生态进行了补偿。近些年,随着国家对矿区生态修复力度的增加,矿区土地利用变化形成了"工矿用地扩大→生态用地减少→复垦土地增加→生态用地增加"的循环。这种循环过程中,生态系统的能量流、物质流、信息流随着一种土地生态系统流入(或流出)至另外一种生态系统,而这种频繁的流动会一定程度上加速生态变化(正向或逆向)过程。井工开采以地表塌陷和矸石山压占为主,露天开采以直接挖损和外排土场压占为主,相比较而言,露天矿对地表的破坏大于井工矿,且随着采矿规模的扩大,这种破坏范围和程度呈现持续增加的趋势。煤矿生命周期较长,研究某一矿区不同开采时期的生态状况需要大量的数据,而这些数据通常难以获取,对比处于不同开采时期的相似矿区生态状况成为新的研究思路。因此,结合第4章矿区植被覆盖度变化趋势结果分析,选取开采规模较大、对区域植被覆盖贡献率较大且具有相似自然及开采条件的宝矿、敏矿、胜利矿为研究对象,通过矿区生态储存评估,分析对比处于不同开采年份下的矿区生态效应。

5.1 生态储存与生态累积

5.1.1 相关概念

生态储存(ecological storage)描述了由岩石、土壤、气候、水文、动植物、土地利用等构成的自然生态系统及人工生态系统发生改变引起的能量流、物质流和信息流的流进和流出,进而引起生态系统服务功能变化的动态过程。生态累积效应也强调生态系统在过去、当前及未来的作用力下所发生的响应与变化结果。生态储存、生态累积与生态服务功能之间的关系如图5-1所示。时间上,生态储存强调过去、现在及未来时间段内自然界和人类社会对资源的利用产生的后果,然而这种后果是自然演变及人类活动长期作用形成的。空间上,生态储存受到自然界及人类活动的同时、同地的互相交织、共同作用的影响。结构上,生态系统内外部能量流、物质流和信息流进行交换变化,造成其服务功能的增强及削弱。土地是人类利用和改造的主要对象,而土地利用则是人类干扰活动的重要响应。张建军将狭义的生态储存定义为土地利用变化与其生态响应之间的相互关系,是由过去、当前及未来可能的自然活动和人类活动共同决定的土地利用数量、质量、类型及分布所累积的生态变化的综合表达[1]。由此可见,狭义的生态储存是自然及人类活动影响下土地利用变化引起的生态系统服务功能响应的累积表达。

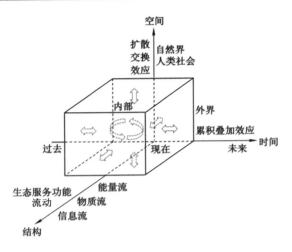

图 5-1　生态储存、生态累积与生态服务功能关系示意

5.1.2　生态储存特征

生态储存用于描述生态系统服务功能的变化,具有四个特征:

(1) 动态性。由于自然演替及人类活动处于不断进行中,生态储存则贯穿自然界及人类社会发展的全过程。自然-人类复杂系统始终与内外部进行能量流、物质流和信息流交换,一切生态储存活动均会被记录,以生态信息的形式表现。

(2) 开放性。生态系统具有开放性,自然及人类活动不局限于特定范围内变化,受外界多个要素影响。这些要素促使系统内外能量流、物质流和信息流的交换。这些交换源于系统内部,同时受外部调控,是开放的。系统要素改变会促使交换的发生。

(3) 地域性。陆地生态系统具有地域差异性,同时人类活动影响了生态储存的变化程度。自然生态系统和人工生态系统的服务功能存在显著差异,采矿活动的剧烈程度会影响生态储存的量、速度及流向。生态储存的地域性是区域自然状况及人类社会活动的综合体现。

(4) 流向不确定性。土地作为陆地生态系统的载体,不同的土地利用类型形成不同的陆地生态系统。自然及人类活动相比,后者对土地利用变化的影响较大。土地利用变化的不定向性决定了生态储存流向的不确定性(积极方向或消极方向)。

常用的生态储存估算模型主要包括状态模型、过程模型和能力模型。生态储存状态模型用于表征生态储存现状情况,生态储存过程模型用于反映过去到现在时段内土地利用变化引起的生态储存的变化,生态储存能力模型用于描述基于过去及现状生态储存在未来发生改变的可能性。

5.2　矿区生态敏感区确定

(1) 矿区生态系统功能贡献率

生态系统在空间上没有明确的边界,煤炭开采带来的生态效应在空间上不仅包括矿区边界,同时也应包括矿区周围受影响的区域。如何界定矿区生态影响的敏感区是进行煤炭开采生态效应评估的前提。针对这一问题,康萨如拉等[2]提出了运用生态系统功能贡献率作为确定煤炭开采区域生态敏感区的重要指标。假设矿区及生态敏感区原有植被是均一的,矿区及生态敏感区单位面积发挥的功能作用是相等的,因此,矿区及生态敏感区植被覆盖度之比等于其面积的比例,即矿区对生态系统功能的贡献率。宝矿、敏矿、胜利矿在开采前,以草地生态系统为主,矿区及生态敏感区植被均一,因此可以用生态系统功能的贡献率确定生态敏感区范围。矿区生态系统功能贡献率是矿区 GNDVI 加和与敏感区 GNDVI 加和比值的百分数,即

$$
矿区生态系统功能贡献率 = \frac{\sum_{w=0}^{k_1}(矿区\ GNDVI_w)}{\sum_{w=0}^{k_2}(敏感区\ GNDVI_w)} \times 100\% \tag{5-1}
$$

式中,生态敏感区为矿区及矿区外扩周边地区范围之和;k 为像元(矿区 $w=0,1,2,\cdots,k_1$;生态敏感区 $w=0,1,2,\cdots,k_2$)。

首先依据《神华宝日希勒能源有限责任公司露天煤矿改扩建项目环境影响报告书》《华能伊敏煤电有限责任公司露天矿采矿权评估报告》及《中国神华能源股份有限公司胜利一号露天矿矿山地质环境保护与治理恢复方案》相关资料提供的宝矿、伊矿、胜利矿的矿区范围拐点坐标,确定各个矿区边界如图 2-3、图 2-7 和图 2-9 所示。同时,根据相关标准、已有研究,并考虑地域自然条件相似等因素(表 5-1),依据矿区边界分别向外建立 1 km、2 km、8 km、10 km、20 km、30 km、40 km、50 km 的敏感区,即为包含了矿区与不同面积大小毗邻区域的生态敏感区。

表 5-1　敏感距离选取依据

范围分级	依　据	说　明
1—2 km	《环境影响评价技术导则 煤炭采选工程》(HJ 619—2011)	露天开采项目一般以采掘场、外排土场边界外扩 1 000—2 000 m 为煤炭采选工程生态评价范围[3]
8 km	《锡林郭勒盟草地变化监测及驱动力分析》《景观历史对物种多样性的影响:以内蒙古伊敏露天煤矿为例》	锡林浩特市、西乌珠穆沁旗辖区内的草地退化区域分布在矿区 8 km 的缓冲距离内,尤其是西乌珠穆沁旗辖区内,矿区内部的草地出现严重退化[4];伊敏矿生物多样性与 4—8 km 缓冲区范围内景观格局之间的关系更密切[5]。
10 km	《草原区矿产开发对景观格局和初级生产力的影响:以黑岱沟露天煤矿为例》《矿产开采对草原景观及土壤重金属的影响:以锡林浩特市为例》	通过生态系统功能贡献率指标确定黑岱沟露天矿向外 10 km 的缓冲区为生态敏感[2];2009—2015 间,锡林浩特市露天矿 10 km 缓冲区内草地面积显著减少,草地景观斑块数、景观多样性、破碎度等均明显增加[6]
20 km	《鄂尔多斯高强度采区 NOAA(AVHRR)NDVI 的时序分析:以神东矿为例》	神东矿区煤炭开采对 20 km 缓冲区间接影响区的植被生态产生影响[7]
30 km 40 km 50 km	4.4.2 节矿区及缓冲区植被覆盖度相关性分析	宝矿、敏矿、胜利矿三个矿区对其缓冲区植被覆盖度有影响

依据式(5-1)计算 1981—2015 年宝矿、敏矿、胜利矿不同时期、不同大小敏感区下的矿区生态系统贡献率的变化趋势,如图 5-2、图 5-3、图 5-4 所示。同时分析三个矿区与生态敏

感区 GNDVI 随年份动态的相关性(表 5-2)。整体看来,敏感区范围越小,矿区生态系统贡献率越大,即矿区对周边外扩区域的生态系统的影响越高。对于相同大小的敏感区,由于矿区开发年限的增加,矿区生态系统贡献率越小,表明矿区内植被复垦效果越好,矿区对周边外扩区域的生态系统的影响越低。当敏感区范围增大到一定程度时,矿区对周围外扩区域生态系统的影响无明显年际变化。

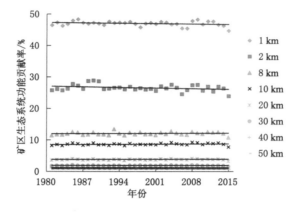

图 5-2　宝矿敏感区生态系统功能贡献率

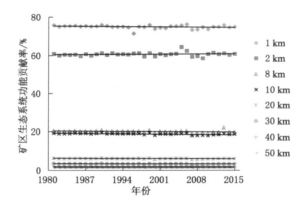

图 5-3　敏矿敏感区生态系统功能贡献率

从图 5-2 可以看出,宝矿矿区外扩 2 km 范围内矿区生态系统功能贡献率的年际变化趋势较为接近,而与 8 km 范围外的区域比较,8 km 范围内矿区生态系统功能贡献率的年际变化较大,即矿区活动对周边 8 km 范围内的生态系统影响年际变化较为明显,同时矿区与其生态敏感区 GNDVI 值随年份动态的相关性结果分析表明,宝矿区与其周围 8 km 范围内 GNDVI 值在 0.01 水平(双侧)上呈显著相关。从图 5-3 可以看出,敏矿矿区外扩 2 km 范围内矿区生态系统功能贡献率的年际变化趋势较为接近,就矿区生态系统功能贡献率的年际变化而言,敏矿区与 8 km 范围内生态敏感区 GNDVI 值在 0.01 水平(双侧)上呈显著相关。从图 5-4 可以看出,胜利矿矿区外扩 2 km 范围内矿区生态系统功能贡献率的年际波动较大,10 km 范围内波动明显,矿区与 10 km 范围内生态敏感区 GNDVI 值在 0.01 水平(双侧)上呈显著相关。

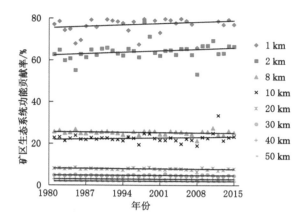

图 5-4　胜利矿敏感区生态系统功能贡献率

表 5-2　各矿与其生态敏感区 GNDVI 值随年份动态的相关性

	1 km	2 km	8 km	10 km	20 km	30 km	40 km	50 km
宝　矿	0.977**	0.875**	0.845**	0.840*	0.812	0.726	0.714	0.690
敏　矿	0.986**	0.974**	0.936**	0.805*	0.761	0.744	0.696	0.653
胜利矿	0.878**	0.837**	0.829**	0.822**	0.806*	0.774	0.765	0.629

注：* 代表 0.05 水平的显著性，** 代表 0.01 水平的显著性。

因此，基于矿区生态系统功能贡献率及 GNDVI 值的相关性分析，宝矿矿区外扩 8 km、敏矿矿区外扩 8 km 及胜利矿矿区外扩 10 km 属于生态敏感区。

（2）矿区生态系统完整性

《环境影响评价技术导则　生态影响》(HJ 19—2011)规定项目生态影响评价范围的确定应考虑完整的气候单元、地理单元[8]。因此，本章结合中国气候区划、高程因素，进一步确定三个矿区的采矿活动可能影响的范围。

气候方面，中国科学院依据热量、水分指标，并结合中国地形特点和历史行政区划传统，将全国分为 8 个一级气候地区、32 个二级气候区，其中蒙东气候区划分布如图 5-5(a)所示，从图中可看出，三个矿生态敏感区均属于中温带气候区，敏感区与周围区域气候无明显差异；地理单元方面，相关研究表明锡林河流域海拔低于 1 200 m 地区草原退化主要受人类活动的影响[9]，在地理空间数据云获取蒙东地区 DEM 数据如图 5-5(a)所示，统计宝矿、敏矿、胜利矿生态敏感区的高程范围分别为 592—741 m、609—823 m、939—1 319 m，三个矿区高程最大值分别为 723 m、736 m、1 103 m，宝矿、敏矿的矿区与生态敏感区高程最大值无明显差异，受人类活动影响产生的景观变化差异较小，胜利矿生态敏感区海拔高程高于 1 200 m 的面积约占 0.72%，可忽略。因此，已选取的生态敏感区属完整的气候单元且无明显的高程差异。各矿区生态影响边界如图 5-5(b)、图 5-5(c)、图 5-5(d)所示，其中宝矿、敏矿、胜利矿的生态敏感区面积分别为 50 357.83 hm²、40 097.63 hm²、65 394 km²。

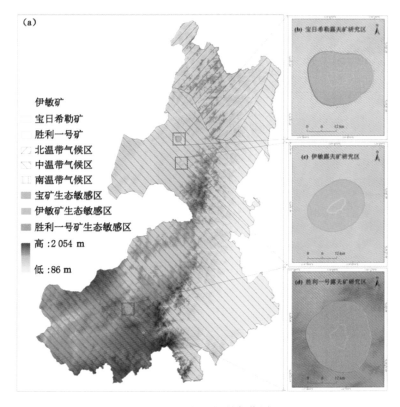

图 5-5　三个矿的研究范围

5.3　生态储存评价指标体系

5.3.1　生态服务价值

（1）生态系统类型

① 影像数据

本章分别选取宝矿、敏矿、胜利矿开采前（分别为 1997 年、1982 年、1971 年）及近期煤炭开采量差异最小年份（2017 年）的遥感影像，分析矿区煤炭开采的土地利用类型变化。三个矿区影像基本信息如表 5-3 所示。

表 5-3　影像基本信息

矿　区	卫　星	传感器	行/列号	获取时间	空间分辨率
宝　矿	LANDSAT	TM	45/51	1997	30 m
	LANDSAT-8	OLI_TIRS	123/26	2017.06.24	30 m
敏　矿	LANDSAT-4	MSS	123/26	1982.10.06	60 m
	LANDSAT-8	OLI_TIRS	123/26	2017.06.24	30 m

表 5-3(续)

矿 区	卫 星	传感器	行/列号	获取时间	空间分辨率
胜利矿	LANDSAT-1	MSS	134/29	1971.11.04	60 m
	LANDSAT-8	OLI_TIRS	124/29	2017.07.17	30 m

② 土地利用类型划分

研究区土地利用类型的划分必须具有代表性。矿区包含多种土地利用类型,但多数对生态产生负面影响,复垦绿化的排土场有利于改善生态环境。参照《土地利用现状分类》(GB/T 21010—2017),结合草原矿区主要用地类型及研究目的,将研究区土地利用景观类型分为耕地、林地、草地、水域、交通运输用地、建设用地、工矿用地、复垦区及其他用地,具体含义见表 5-4。

表 5-4 土地利用类型

类型	含 义
耕地	种植农作物的土地
林地	有林地、灌木林地和其他林地
草地	天然牧草地、人工牧草地和其他草地
水域	湖泊、河流和水库水面等水利设施用地
交通运输用地	公路、铁路、城村镇道路、机场
建设用地	住宅、商服用地、公共管理与公共服务用地、仓储用地
工矿用地	采矿、采石、采砂(沙)场、砖瓦窑等地面生产用地、未复垦排土场
复垦区	已复垦绿化排土场
其他用地	沙地、裸地等

② 生态系统类型匹配

土地利用类型划分主要依据土地利用单元的用途及功能的差异性,陆地生态系统分为林地生态系统、草地生态系统、荒漠生态系统、农田生态系统、城镇生态系统、工业生态系统、湿地生态系统 7 类,与土地利用类型之间能够实现合理匹配。本章将土地利用类型与生态系统类型进行匹配,如表 5-5 所示,矿区多数复垦为草地,具有涵养水源、保护生物多样性的生态功能,将其对应为草地生态系统,建设用地、工矿用地、交通运输用地对应为工业生态系统。

表 5-5 土地利用类型与生态系统类型的匹配

生态系统类型	土地利用类型	生态功能
农田生态系统	耕地	主要提供食品,其他功能相对较低
林地生态系统	林地	保持水土、防风固沙、涵养水源、调节气候
草地生态系统	草地、复垦区	涵养水源、保护生物多样性
湿地生态系统	水域	水文调节、保护生物多样性和生物生产力
工业生态系统	工矿用地	生产产品为主,产生工业废水、废气和废渣等
城镇生态系统	建设用地、交通运输用地	生物多样性循环,排放生活污水、垃圾
荒漠生态系统	其他用地	土壤保育、固碳、防风固沙、生物地球化学循环

④ 影像处理及精度检验

利用 ENVI 5.3 对影像进行辐射定标、几何校正、影像融合,依据已划定的各矿区研究范围对影像进行裁剪,采用监督分类和目视解译,对影像进行解译,具体解译标志如表 5-6 所示。表 5-7 显示 6 期影像分类结果的总体精度均在 81.11% 以上,Kappa 系数均在 0.8 以上,基本满足研究的应用需要。

表 5-6　影像解译标志体系

土地利用类型	典型影像	判读标志波段 5、4、3
耕地	深绿色或亮红色,呈现规则条带状、圆形(灌溉农业)分布,较为集中	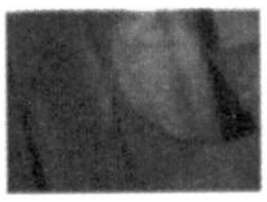
林地	深红色或红色,形状不规则,纹理较为粗糙,多分布在水域附近	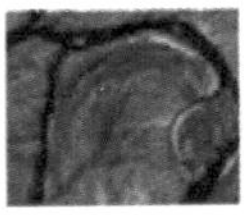
草地	呈红色或浅绿色,色调较均匀,大片状,面积最大	
水域	呈黑色或深红色,为线状或圆形,轮廓清晰	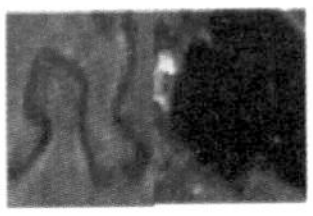
交通运输用地	黑色或亮白色的线状,形状明显	
建设用地	呈现白色或亮黄色,斑块面积较小,纹理粗糙	
工矿用地	白色、黑色、浅绿色,斑块面积较大,边界清晰	
复垦区	深绿色,形状平坦,斑块面积大,具有明显的条带	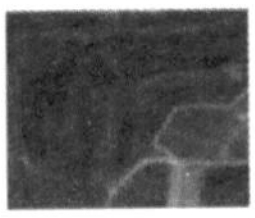
其他用地	白色或黑色,斑块面积小,无明显形状规则	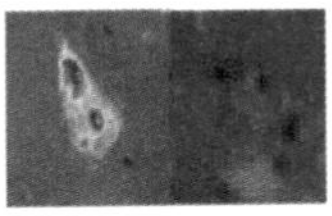

表 5-7　遥感影像土地利用分类精度评价　　　　　　单位：%

| 地类 | 宝矿 | | | | 敏矿 | | | | 胜利矿 | | | |
| | 1997 | | 2017 | | 1982 | | 2017 | | 1971 | | 2017 | |
	制图精度	用户精度	制图精度	用户精度	制图精度	用户精度	制图精度	用户精度	制图精度	用户精度	制图精度	用户精度
耕地	86.51	83.22	88.93	91.57	83.34	82.09	89.96	92.07	83.89	81.79	87.91	88.59
林地	84.89	81.14	84.44	86.52	82.93	83.08	90.89	88.54	83.46	82.38	82.71	84.15
草地	89.77	88.13	85.55	85.89	84.79	82.96	86.51	86.79	81.39	81.63	88.40	87.49
水域	90.26	91.04	88.69	87.55	89.90	85.68	88.22	90.34	84.52	83.68	92.04	91.73
交通运输用地	86.22	84.71	89.11	88.81	79.23	81.22	90.79	91.57	81.86	82.94	83.48	83.70
建设用地	89.56	86.06	91.25	93.12	87.59	91.88	87.54	88.93	83.28	81.65	86.26	85.29
工矿用地	84.79	86.95	88.31	90.06	87.78	85.68	87.56	83.47	78.69	79.38	83.29	85.38
复垦区	83.32	85.11	84.98	85.67	84.08	87.57	79.08	81.03	81.92	82.78	85.33	86.21
其他用地	85.99	85.53	87.44	88.73	87.41	85.38	86.88	87.59	86.95	84.17	89.01	87.53
总体精度	84.55		92.33		87.61		90.53		81.11		88.74	
Kappa 系数	0.810 3		0.894 1		0.829 1		0.850 5		0.809 5		0.823 3	

（2）生态服务价值

1997 年，Costanza 等提出生态系统服务价值（ecosystem service value，ESV）评价模型[10]如式（5-2）所示，运用数学模型将不同生态系统的服务功能进行量化，建立抽象的生态概念与其经济效益相关联，以衡量研究区的综合发展能力。

$$ESV = \sum_{z=1}^{m} A_z \cdot VC_z \qquad (5-2)$$

式中，ESV 是研究区生态系统服务价值总量；m 是研究区生态系统类型的数量；A_z 是生态系统类型 z 的面积；VC_z 是生态系统类型 z 的价值系数。本章研究区的生态系统服务价值系数，既借鉴了谢高地等[11]制定的适用于中国现状的生态系统单位面积的服务价值系数，同时也参考了张建军估算的工业及城镇的生态系统服务价值[1]，得到价值系数如表 5-8 所示。其中，宝矿西北部莫日格勒河一般在 10 月到次年 5 月封冻，敏矿东部的伊敏河一般在 10 月到次年 4 月封冻，胜利露天一号矿东部的锡林河由于近年来连续气候干旱已经成为季节性河流，12 月到次年的 2 月为封冻期，因此三个研究区均采用季节性河流的水域价值系数。工矿用地采用工业价值系数，建设用地及交通运输用地采用城镇价值系数，研究区其他用地类型多为荒漠，因此采用荒漠价值系数。

表 5-8　生态系统服务价值系数　　　　　　单位：元/（hm² · a）

| 类型 | 耕地 | 林地 | 草地 | 水域 | | 荒漠 | 工业 | 城镇 |
				季节性河流	其他			
系数	6 114.3	19 334.0	6 406.5	10 447.7	40 676.4	371.4	− 25 750.7	− 17 60.5

5.3.2　生态储存指标

（1）生态储存状态

区域生态系统由若干个生态斑块构成,每个生态斑块储存着特定的生态信息。由于自然演替及人为因素的影响,生态系统类型转换使矿区生态信息空间差异增强。而这些差异不是来源于某个单一生态斑块的生态储存信息,而是区域内所有生态斑块生态储存信息的整合。生态储存状态(ecological storage state,ESS)作为静态点状态的描述,是区域内各类生态系统斑块生态信息的折算,通过区域尺度的整合,估算整个区域综合生态储存信息。但是,由于受到区域范围对生态储存的影响,将综合生态储存信息按照区域面积进行均值计算,以此获取区域单位面积的平均生态储存信息。平均生态储存信息既不是某种生态系统的生态储存状态,也不是某个生态斑块的生态储存信息,而是由区域内一种或几种占优势的生态系统类型决定的,用于反映区域综合生态储存水平,描述当前区域的生态储存状况。由于区域生态系统随时间变化不断更新,生态储存水平会呈现年际差异,生态储存加速度(ecological storage acceleration,ESA)可用于反映这种年际变化差异,在数值上等同于区域生态储存状态水平的年变化率,具体计算公式为:

$$ESS = \frac{1}{h} \cdot \frac{\sum\limits_{z=1}^{m} ESV_z}{\sum\limits_{z=1}^{m} A_z} \tag{5-3}$$

$$ESA = \frac{1}{N}\left[\frac{1}{n_e}ESS_e - \frac{1}{n_q}ESS_q\right] \tag{5-4}$$

式中,ESS 为区域生态储存状态;h 为估算区域生态储存状态对应的年数(由于 ESS 每年都估算,h 值可记为"1");ESV_z 为生态系统类型 z 对应的生态服务价值;ESA 为区域生态储存加速度,反映 ESS 改善或者退化程度;e 和 q 是研究时段的起始年和结束年;n_e 和 n_q 为估算年初期和末期区域生态储存状态对应的年份数(由于 ESS 每年都估算,n_e 和 n_q 均可记为"1");N 是研究阶段的总年数。

（2）生态储存过程

人口增长、城镇及工业化的迅速发展促进了区域生态系统的演替,推动了生态储存过程。各生态系统间的能量流、物质流及信息流之间的交换,促使生态系统类型间的转换。这种转化受产业结构及生态建设的影响,共同决定了区域生态储存的方向和数量。生态储存过程(ecological storage process,ESP)作为动态过程描述,记录了区域在研究时期内一种生态系统向另外一种生态系统转换的正向和逆向过程,描述过去一段时期内研究区生态储存情况,重点强调转换过程。生态储存转化率(ecological storage transformation rate,ESR)用于分析生态储存过程,具体计算公式为:

$$ESR = \frac{\sum(VC_b - VC_a)A_{a \to b}}{|ESV_o|} \tag{5-5}$$

式中,ESR 为生态储存转化率;a 为转变前生态系统类型;b 为转变后生态系统类型;$A_{a \to b}$ 为研究区生态系统由 a 类型转为 b 类型的面积;VC_a、VC_b 分别为生态系统类型 a 和 b 的价值系数;ESV_o 为研究区初始生态服务价值。生态储存转化率包括正向变化和负向变化,正向值越大,表明区域生态储存朝积极方向发展的能力越大;负向值越小,表明区域生态储存朝消极方向发展的能力越大。

（3）生态储存能力

生态斑块所包含的信息是区域多年综合利用的结果,它映射的生态信息可能是积极的,也可能是消极的,由当前利用信息决定。然而,生态斑块当前利用信息隐藏着可能的潜在的生态储存能力。例如,一块农田生态斑块,在未来发生转换时,既可能会转换成具有更高生态服务功能的林地生态斑块,也可能转换成具有更低生态服务功能的工业生态斑块,但也可能未来不会发生转化,说明这块农田生态斑块隐藏的生态储存能力具有多向性和不确定性。生态储存能力（ecological storage capacity,ESC）是对未来研究区域生态储存水平的估算,不是预测性的估算,而是生态储存转换可能性的估算。这估算是建立在当前及过去生态系统转换基础上的。未来区域可能会受到经济政策、政府规划等因素的干扰,生态储存的估算具有不确定性。本章将概率论作为估算的理论基础,假设研究区内某一生态斑块的转换引起的一种生态系统向另一生态系统转换的概率是均等的,求该生态斑块所具有的平均生态储存能力。当一种生态系统由若干个生态斑块构成时,在机会均等条件下,考虑这种生态系统内所有斑块发生的均是极端转化,即最大转化。在此基础上,依据各种生态系统在研究区的存在概率估算区域的生态储存能力。具体计算公式为：

$$\overline{EESV}_z = \frac{1}{Q} \sum_{f=1}^{n} (VC_f - VC_z) \cdot A_z \tag{5-6}$$

$$ESC = \frac{\overline{EESV}}{A_t} = \frac{1}{A_t} \sum_{z=1}^{m} \overline{EESV}_z \cdot P_z \tag{5-7}$$

$$P_z = \frac{A_z}{A_t} \tag{5-8}$$

式中,$\overline{EESV}_z$ 为生态系统类型 z 转化为其他类型的极端生态服务价值的平均数;Q 为生态系统类型 z 可能转化的所有生态系统类型数量;z 为转化前生态系统类型;f 为转化后生态系统类型;VC_z 为转化前生态系统类型 z 的价值系数;VC_f 为转化后生态系统类型 f 的价值系数;A_z 为研究区生态系统类型 z 的面积;ESC 为生态储存能力;A_t 为研究区总面积;P_z 为生态系统 z 类型转化为其他类型的可能性。

（4）生态储存格局及条件

在工矿区,伴随着活跃的、高强度的采煤活动,土地利用类型转化较为频繁,矿区生态环境越容易受影响,矿区生态储存的响应越明显,土地作为媒介,可反映生态储存的响应程度。本章用生态"活跃度"来反映矿区生态储存对土地利用的综合响应,基于生态储存状态（ESS）、生态储存过程（ESP）和生态储存能力（ESC）综合评价,分别表征土地利用对生态影响的活跃状态、活跃程度及活跃可能性。然而稳定的生态系统模式不能被忽视,它决定了未来土地的长期利用及生态平衡,因此,本章选取生态储存格局（ecological storage pattern,EP）作为指标体系的组成部分,以反映土地利用对生态影响的活跃平衡性。同时,分布在人口密集、产业集中的工矿区的条件较差的土地是重要的后备生态补偿资源,所以土地条件（land condition,LC）,即生态储存条件作为土地利用对生态影响的活跃条件[5]。

研究表明,景观格局指标中的香农多样性指数（shannon's diversity index,SHDI）可用来反映生态储存格局（EP）。矿区内未利用地面积与矿区面积之比为生态储存条件（LC）,

具体计算公式为：

$$EP = -\sum_{c=1}^{\mu} P'_c \cdot \ln P'_c = -\sum_{c=1}^{\mu} \frac{A_c}{A_t} \ln \frac{A_c}{A_t} \quad (5-9)$$

$$LC_k = \frac{A_{sk}}{A_s} \quad (5-10)$$

式中，EP 为生态储存格局；P'_c 为第 c 种土地利用类型的面积占整个研究区面积的比例；μ 为研究区土地利用类型的数量；A_c 为研究区第 c 种土地利用类型的面积；A_t 为研究区总面积；LC_k 为矿区 k 生态储存条件；A_{sk} 为矿区 k 中未利用土地面积；A_s 为矿区 k 的总面积。

5.3.3 指标权重及综合评价法

（1）指标权重

徐占军等[12]、Zhang 等[13] 运用 AHP 法确定生态储存状态（ESS）、生态储存过程（ESP）、生态储存能力（ESC）、生态储存格局（EP）、生态储存条件（LC）5 个指标权重，如表 5-9 所示。

表 5-9　生态储存指标判别矩阵及权重

指标	生态储存状态（ESS）	生态储存过程（ESP）	生态储存能力（ESC）	生态储存格局（EP）	生态储存条件（LC）	权重
生态储存状态（ESS）	1	2	2	3	3	0.370
生态储存过程（ESP）	1/2	1	1	2	2	0.206
生态储存能力（ESC）	1/2	1	1	2	2	0.206
生态储存格局（EP）	1/3	1/2	1/2	1	1	0.109
生态储存条件（LC）	1/3	1/2	1/2	1	1	0.109

（2）综合评价法

单个指标分级赋值采用两两比较法，对比三个矿区单个指标数值，数值越大，表示指标状况越好，指标分值由大到小为 5、3、1。其中 5 表示指标状况相对较好，1 表示指标状况相对较差。

依据生态储存状态（ESS）、生态储存过程（ESP）、生态储存能力（ESC）、生态储存格局（EP）、生态储存条件（LC）5 个评价指标，结合各个指标的权重和分值，计算各矿区生态储存效应综合指数 D，比较三个矿区生态储存效应综合指数 D，D 值越大，生态储存效应相对越好。具体计算公式为：

$$D = w_{ESS} \cdot 生态储存状态 + w_{ESP} \cdot 生态储存过程 + w_{ESC} \cdot 生态储存能力 +$$
$$w_{EP} \cdot 生态储存格局 + w_{LC} \cdot 生态储存条件 \quad (5-11)$$

式中，w_{ESS}、w_{ESP}、w_{ESC}、w_{EP}、w_{LC} 分别为生态储存状态、生态储存过程、生态储存能力、生态储存格局、生态储存条件的权重。

5.4 三个大型露天矿生态储存的状态过程分析

5.4.1 生态服务价值变化

（1）三个矿土地利用变化

图 5-6 为 1997 年（开采前）和 2017 年（开采现状）宝矿生态敏感区土地利用空间分布状况，结合表 5-10 得出，近 20 年，除耕地、草地、林地外，其他各类用地面积均呈现增长趋势。由于人类开采活动的干扰，工矿用地、建设用地、交通运输用地面积相比较 1997 年增长明显，累积增长面积分别为 2 492.77 hm²、719.57 hm²、900.50 hm²，同时由于矿区生态修复工程的实施，矿区附近规模较小的煤矿、砖窑厂等的关闭，矿区复垦区及附近未利用地的面积分别累积增加 716.76 hm²、38.97 hm²，表明国家政策对区域土地利用变化具有一定的影响。莫日格勒河附近的林地面积增加显著。

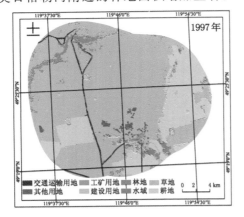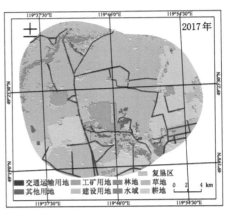

图 5-6 宝矿生态敏感区土地利用空间分布状况

表 5-10 宝矿生态敏感区土地利用变化

土地利用类型		耕地	林地	草地	水域	建设用地	工矿用地	交通运输用地	复垦区	其他用地
1997 年	面积/hm²	10 738.58	296.51	37 202.34	529.56	575.76	286.03	457.45	0.00	271.60
2017 年	面积/hm²	10 324.97	276.79	32 607.08	689.58	1 295.33	2 778.80	1 357.95	716.76	310.57
1997—2017 年	累积变化量/hm²	−413.61	−19.72	−4 595.26	160.02	719.57	2 492.77	900.50	716.76	38.97
	年度变化量/hm²	−20.68	−0.99	−229.76	8.00	35.98	124.64	45.03	35.84	1.95
	动态度/%	−0.19	−0.33	−0.62	1.51	6.25	43.58	9.84	—	0.72

图 5-7 为 1982 年（开采前）和 2017 年（开采现状）敏矿生态敏感区土地利用空间分布状况，结合土地利用数量变化表 5-11 得出，近 35 年，林地、草地、水域呈减少趋势，累积减少面积分别为 1 079.27 hm²、3 612.59 hm²、294.43 hm²，其中草地多转为耕地、建设用地、工矿用地及交通运输用地，累积增加面积分别为 427.50 hm²、874.87 hm²、2 459.34 hm²、762.16 hm²。主要分布在矿区以北地区。比较各类用地的动态度，建设用地、交通运输用

地、耕地的动态度较大,表明这三种地类变化较为剧烈,这三种地类多分布于伊敏河附近。工矿用地的开发建设需要大量的人力、物力资源,同时工矿业的发展促进区域经济的发展及土地利用效率。

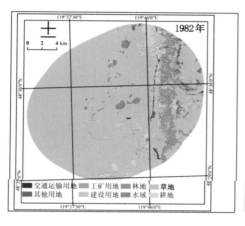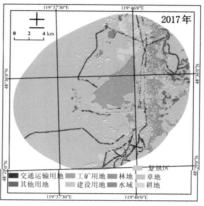

图 5-7　敏矿生态敏感区土地利用空间分布状况

表 5-11　敏矿生态敏感区土地利用变化

土地利用类型		耕地	林地	草地	水域	建设用地	工矿用地	交通运输用地	复垦区	其他用地
1982 年	面积/hm²	542.16	1 685.73	36 183.04	891.64	346.62	0.00	166.25	0.00	282.19
2017 年	面积/hm²	969.66	606.46	32 570.45	597.21	1 221.49	2 459.34	928.41	313.15	431.46
1982—2017 年	累积变化量/hm²	427.50	−1 079.27	−3 612.59	−294.43	874.87	2 459.34	762.16	313.15	149.27
	年度变化量/hm²	12.21	−30.84	−103.22	−8.41	25.00	70.27	21.78	8.95	4.26
	动态度/%	2.25	−1.83	−0.29	−0.94	7.21		13.10	—	1.51

图 5-8 为 1971 年(开采前)和 2017 年(开采现状)胜利矿生态敏感区土地利用空间分布状况,结合土地利用数量变化表 5-12 得出,近 46 年,草地、水域累积减少面积分别为

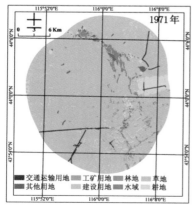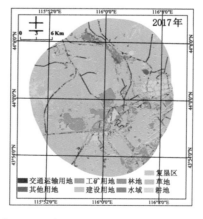

图 5-8　胜利矿生态敏感区土地利用空间分布状况

12 288.94 hm²、189.80 hm²,主要转化为建设用地、工矿用地。建设用地面积增加最多,主要分布在矿区的东南部锡林浩特市,累积增加 4 159.85 hm²,工矿用地面积明显增加,且矿区出现约 1 477.73 hm² 的复垦区。从图 5-8 可以看出,空间分布上,靠近东南部的锡林浩特市土地利用空间变化较为明显,主要受到人类活动干扰的影响。比较各类土地利用动态度,建设用地的动态度最大,说明其变化最为剧烈。

表 5-12　胜利矿生态敏感区土地利用变化

土地利用类型		耕地	林地	草地	水域	建设用地	工矿用地	交通运输用地	复垦区	其他用地
1971 年	面积/hm²	1 855.77	381.12	59 177.39	1 462.73	1 847.77	0.00	329.37	0.00	340.18
2017 年	面积/hm²	2 559.76	1 149.18	46 888.45	1 272.93	6 007.62	3 437.59	2 209.93	1 477.73	390.81
1971—2017 年	累积变化量/hm²	703.99	768.06	−12 288.94	−189.80	4 159.85	3 437.59	1 880.56	1 477.73	50.63
	年度变化量/hm²	15.30	16.70	−267.15	−4.13	90.43	74.73	40.88	32.12	1.10
	动态度/%	0.82	4.38	−0.45	−0.28	4.89	—	12.41	—	0.32

（2）生态服务价值

依据三个矿区土地利用类型与其生态系统类型的匹配,分别统计生态系统类型的面积,根据式(5-2),计算各矿区生态系统的服务价值,如图 5-9、图 5-10 和图 5-11 所示。已有研究表明,土地利用变化能够影响生态系统服务功能[7]。由于矿区各类用地的面积变化及生态服务价值系数不同,因此各类用地的生态服务价值变化存在差异。由于三个矿区草地面积均呈现减少趋势,草地生态系统服务价值有所下降,生态服务功能降低。采矿用地增加及采煤活动的影响,区域土壤环境质量、植被类型及生物区受到强烈干扰,多方位的损伤导致单位面积采矿用地产生的负面影响增大,生态负价值明显高于其他地类,导致区域生态结构遭到破坏,区域整体生态服务价值下降。对比三个矿区生态服务价值变化幅度可以看出,宝矿下降幅度最大,为 − 4 212.19 元/a,胜利矿次之,为 − 2 491.49 元/a,敏矿相对较小,为 1 915.68 元/a。

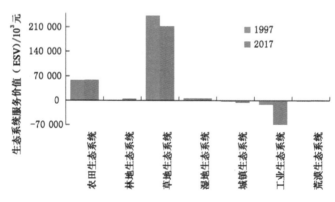

图 5-9　宝矿生态系统服务价值（ESV）

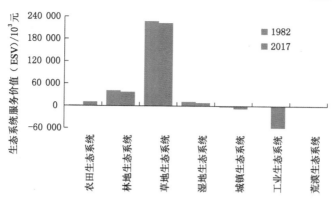

图 5-10 敏矿生态系统服务价值（ESV）

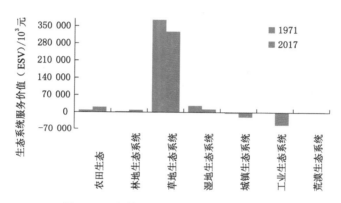

图 5-11 胜利矿生态系统服务价值（ESV）

5.4.2 生态储存状态

表 5-13 为三个矿区开采前、开采现状的矿区生态储存状态（ESS）值及生态储存加速度（ESA）值。从表中可以看出，三个矿区整体生态储存状态值均大于 0，表明这三个矿区的生态储存状态较好，其中伊敏矿生态储存状态值高于其他两个矿区。生态储存加速度（ESA）用来反映矿区生态储存状态的改善水平。总体上看，三个矿区的生态储存状态呈现下降趋势。宝矿经历近 20 年的煤炭开采活动，矿区生态系统单位面积生态服务价值累计下降 1 670 元，以 83.50 元/(hm² · a) 的速度发生退化；开采近 35 年的敏矿区生态系统单位面积生态服务价值累计下降 2 640 元，以 75.43 元/(hm² · a) 的速度发生退化；胜利矿开采约 46年，矿区生态系统单位面积生态服务价值累计下降 2 210 元，以 48.04 元/(hm² · a) 的速度发生退化。比较三个矿区生态储存的变化速度，宝矿生态退化较为严重，可能与纬度较高、气候条件较为恶劣有关，也可能是由较高的煤炭开采量引起的矿区生态环境恶化。

表 5-13 三个矿区生态储存状态

矿 区	年 份	ESS/(10³元/hm²)	ESA/[元/(hm² · a)]
宝 矿	1997	5.93	−83.50
	2017	4.26	

表 5-13(续)

矿 区	年 份	ESS/(10^3元/hm^2)	ESA/[元/($hm^2 \cdot a$)]
敏 矿	1982	7.05	−75.43
	2017	4.41	
胜利矿	1971	6.34	−48.04
	2017	4.13	

5.4.3　生态储存过程

生态储存过程反映生态系统转换引起的生态储存变化,可通过生态储存转化量和生态储存转化率来表示。从表 5-14 可以看出,研究时期内,由于频繁的生态系统转换,促进了矿区或积极或消极的生态储存。三个矿区生态储存转化率均为负值,消极转化量主要来源于建设用地、工矿用地的增加引起的区域生态系统发生变化,生态系统呈现高服务功能向低服务功能转换的过程,这三个矿区生态系统总体上呈现消极转化趋势。相比较而言,胜利矿开采时间最长,生态储存转化率的绝对值最大,说明 46 年来矿区的生态储存受工矿活动与城镇化发展的消极影响较为明显。

表 5-14　三个矿区研究时期生态储存过程(ESP)

生态储存过程		宝矿	敏矿	胜利矿
积极生态储存转化	转化量/10^3元	20 024.78	20 217.79	17 131.02
	转化率/%	6.69	4.87	4.13
消极生态储存转化	转化量/10^3元	−104 338.15	−126 008.54	−161 562.97
	转化率/%	−34.87	−30.38	−38.95
总生态储存转化	转化量/10^3元	−84 313.37	−105 790.75	−144 431.95
	转化率/%	−28.18	−25.51	−34.82

5.4.4　生态储存能力

(1) 矿区主要生态系统转化类型

统计宝矿、敏矿、胜利矿的生态系统类型转化状况如表 5-15、表 5-16、表 5-17 所示。工业生态系统、城镇生态系统、农田生态系统及草地生态系统是较为活跃的转换类型。表 5-18 显示,宝矿、敏矿、胜利矿这四种生态类型转换比例分别为 89.65%、81.78%、91.19%。就转换类型而言,宝矿多转换为工业生态系统,敏矿和胜利矿多转换为城镇生态系统。本章依据主要生态系统转换类型的比例,确定工业生态系统、城镇生态系统、农田生态系统、草地生态系统为估算生态储存能力的基础确定性指标。

表 5-15 1997—2017 年宝矿生态系统类型转化

转换前	转换后	转换面积/hm²	转换百分比/%
草地生态系统	工业生态系统	2 237.66	26.65
草地生态系统	城镇生态系统	1 879.56	22.39
草地生态系统	农田生态系统	1 163.55	13.86
城镇生态系统	草地生态系统	416.25	4.96
农田生态系统	草地生态系统	404.74	4.82
农田生态系统	城镇生态系统	393.96	4.69
农田生态系统	工业生态系统	329.87	3.93
草地生态系统	湿地生态系统	309.58	3.69
草地生态系统	林地生态系统	237.31	2.83
湿地生态系统	草地生态系统	236.05	2.81
工业生态系统	草地生态系统	208.78	2.49
草地生态系统	荒漠生态系统	173.99	2.07
工业生态系统	城镇生态系统	79.68	0.95
湿地生态系统	林地生态系统	64.37	0.77
工业生态系统	农田生态系统	48.99	0.58
城镇生态系统	农田生态系统	45.59	0.54
农田生态系统	林地生态系统	40.16	0.48
湿地生态系统	城镇生态系统	28.29	0.34
林地生态系统	草地生态系统	22.77	0.27
湿地生态系统	农田生态系统	16.07	0.19
城镇生态系统	湿地生态系统	14.35	0.17
城镇生态系统	工业生态系统	7.54	0.09
农田生态系统	湿地生态系统	6.48	0.08
城镇生态系统	林地生态系统	6.39	0.08
林地生态系统	城镇生态系统	4.95	0.06
城镇生态系统	荒漠生态系统	4.88	0.06
工业生态系统	荒漠生态系统	4.37	0.05
湿地生态系统	荒漠生态系统	3.26	0.04
工业生态系统	湿地生态系统	2.11	0.03
林地生态系统	农田生态系统	1.14	0.01
林地生态系统	湿地生态系统	0.94	0.01
农田生态系统	荒漠生态系统	0.45	0.01
湿地生态系统	工业生态系统	0.45	0.01
荒漠生态系统	城镇生态系统	0.18	0.00
荒漠生态系统	草地生态系统	0.13	0.00
林地生态系统	工业生态系统	0.06	0.00

表 5-16 1982—2017 年敏矿生态系统转化类型

转换前	转换后	转换面积/hm²	转换百分比/%
草地生态系统	城镇生态系统	3 224.69	28.45
草地生态系统	工业生态系统	1 813.87	16.00
草地生态系统	农田生态系统	1 683.62	14.85
草地生态系统	林地生态系统	949.69	8.38
林地生态系统	草地生态系统	920.61	8.12
林地生态系统	城镇生态系统	350.52	3.09
草地生态系统	湿地生态系统	318.56	2.81
湿地生态系统	工业生态系统	314.24	2.77
草地生态系统	荒漠生态系统	267.78	2.36
湿地生态系统	林地生态系统	197.31	1.74
荒漠生态系统	草地生态系统	191.57	1.69
湿地生态系统	草地生态系统	148.07	1.31
林地生态系统	湿地生态系统	126.49	1.12
湿地生态系统	城镇生态系统	102.20	0.90
荒漠生态系统	林地生态系统	83.43	0.74
荒漠生态系统	工业生态系统	78.37	0.69
城镇生态系统	工业生态系统	69.59	0.61
城镇生态系统	农田生态系统	62.09	0.55
荒漠生态系统	城镇生态系统	54.80	0.48
林地生态系统	农田生态系统	52.06	0.46
农田生态系统	草地生态系统	51.42	0.45
农田生态系统	城镇生态系统	47.44	0.42
荒漠生态系统	农田生态系统	42.11	0.37
城镇生态系统	草地生态系统	41.37	0.37
荒漠生态系统	湿地生态系统	40.42	0.36
农田生态系统	林地生态系统	27.60	0.24
林地生态系统	荒漠生态系统	19.42	0.17
湿地生态系统	农田生态系统	14.22	0.13
城镇生态系统	林地生态系统	10.57	0.09
农田生态系统	工业生态系统	6.03	0.05
农田生态系统	荒漠生态系统	5.36	0.05
城镇生态系统	荒漠生态系统	4.97	0.04
湿地生态系统	荒漠生态系统	4.54	0.04
城镇生态系统	湿地生态系统	4.39	0.04
农田生态系统	湿地生态系统	4.30	0.04
林地生态系统	工业生态系统	0.03	0.00

表 5-17　1971—2017 年胜利矿生态系统转化类型

转换前	转换后	转换面积/hm²	转换百分比/%
草地生态系统	城镇生态系统	9 383.74	50.93
草地生态系统	工业生态系统	2 077.18	11.27
草地生态系统	农田生态系统	1 961.91	10.65
湿地生态系统	草地生态系统	1 539.18	8.35
草地生态系统	湿地生态系统	691.71	3.75
城镇生态系统	草地生态系统	539.36	2.93
草地生态系统	林地生态系统	461.32	2.50
湿地生态系统	城镇生态系统	397.97	2.16
荒漠生态系统	草地生态系统	375.31	2.04
草地生态系统	荒漠生态系统	338.09	1.84
林地生态系统	草地生态系统	204.50	1.11
农田生态系统	城镇生态系统	101.26	0.55
城镇生态系统	农田生态系统	90.34	0.49
湿地生态系统	农田生态系统	74.93	0.41
湿地生态系统	荒漠生态系统	61.40	0.33
农田生态系统	草地生态系统	37.12	0.20
城镇生态系统	林地生态系统	31.55	0.17
荒漠生态系统	城镇生态系统	15.84	0.09
湿地生态系统	林地生态系统	11.51	0.06
城镇生态系统	湿地生态系统	11.13	0.06
城镇生态系统	荒漠生态系统	9.71	0.05
荒漠生态系统	湿地生态系统	4.57	0.02
农田生态系统	荒漠生态系统	2.48	0.01
农田生态系统	湿地生态系统	0.59	0.00
农田生态系统	林地生态系统	0.51	0.00
湿地生态系统	工业生态系统	0.14	0.00

表 5-18　三个矿主要转化生态系统类型比例　　　　　　单位：%

	宝矿	敏矿	胜利矿
草地生态系统	15.35	11.95	14.63
城镇生态系统	28.43	33.34	53.73
工业生态系统	30.68	20.14	11.28
农田生态系统	15.19	16.35	11.55
湿地生态系统	3.97	4.36	3.84
林地生态系统	4.15	11.19	2.74
荒漠生态系统	2.23	2.67	2.23

（2）矿区生态储存能力估算

生态储存能力反映过去及当前的生态储存水平在未来某段时间发生转换的可能性。ESC 越高表明具有低效生态功能的系统向具有高效生态功能的系统转变的可能性越大。依据式（5-6）至式（5-8），结合已确定的基础性指标，分别计算三个矿的生态储存能力如表 5-19、表 5-20、表 5-21 所示。总体上，三个矿区的生态储存能力值均小于 0，表明三个矿区生态储存状况较消极。比较三个矿区生态储存能力值，胜利矿最高，为 −240 元/(hm² · a)，具有相对较好的生态储存能力，宝矿最低，为 −410 元/(hm² · a)，具有相对较差的生态储存能力。生态储存能力与生态系统结构密切相关，宝矿和敏矿具有较高生态价值的草地、林地、农田生态系统转换为较低生态价值的城镇、工业生态系统的面积占比较多，极易发生生态损失，即消极的生态储存，因此这两个矿区生态储存能力相对较差。

表 5-19　宝矿生态储存能力（ESC）　　　　单位：×10³元/(hm² · a)

转换前生态系统类型	转换后生态系统类型				$\overline{EESV}$	可能性	ESC
	草地	城镇	工业	农田			
草地	—	−15 559.82	−61 266.11	−556.70	−25 794.21	0.76	
城镇	523.82	—	−1 538.70	505.08	−169.93	0.03	
工业	685.59	511.47	—	679.36	625.47	0.01	
荒漠	0.09	−0.03	0.00	0.00	0.02	0	−0.41
林地	−19.46	−31.76	−67.88	−19.90	−34.75	0	
农田	142.70	−3 845.67	−1 5561.31	—	−6 421.43	0.19	
湿地	−155.06	−468.42	−1388.90	−166.27	−544.66	0.02	

表 5-20　敏矿生态储存能力（ESC）　　　　单位：×10³元/(hm² · a)

转换前生态系统类型	转换后生态系统类型				$\overline{EESV}$	可能性	ESC
	草地	城镇	工业	农田			
草地	—	−8 323.02	−32 771.54	−297.78	−13 797.45	0.89	
城镇	100.09	—	−294.01	96.51	−32.47	0.01	
荒漠	92.60	−32.71	−400.79	88.11	−63.20	0.01	−0.31
林地	−796.19	−1 299.18	−2 776.71	−814.18	−1 421.57	0.05	
农田	1.20	−32.32	−130.77	—	−53.96	0	
湿地	−134.38	−405.94	−1 203.65	−144.09	−472.02	0.03	

表 5-21　胜利矿生态储存能力（ESC）　　　　单位：×10³元/(hm² · a)

转换前生态系统类型	转换后生态系统类型				$\overline{EESV}$	可能性	ESC
	草地	城镇	工业	农田			
草地	—	−10 446.80	−41 133.79	−373.77	−17 318.12	0.90	
城镇	318.83	—	0.00	307.42	208.75	0.03	
荒漠	51.92	−18.34	0.00	0.00	8.39	0.01	−0.24
林地	−57.47	0.00	0.00	0.00	−14.37	0	
农田	9.63	−259.49	0.00	—	−124.93	0.02	
湿地	−232.05	−701.02	−2 078.59	−248.83	−815.12	0.04	

5.5　三个大型露天矿生态储存响应综合评价

5.5.1　生态储存格局及储存条件

根据式(5-9)和式(5-10)计算 2017 年三个矿区的生态储存格局及条件如表 5-22 所示。宝矿、敏矿、胜利矿的生态储存格局值较为接近,分别为 1.15、1.16、1.17。比较三个矿区的生态储存条件值,敏矿较高,表明作为生态补偿资源的未利用地面积较多,宝矿最低,表明具有较少的未利用地可用于生态补偿。

表 5-22　三个矿区生态储存格局(EP)及生态储存条件(LC)

矿　区	EP	LC/%
宝　矿	1.15	0.37
敏　矿	1.16	0.69
胜利矿	1.17	0.62

5.5.2　生态储存效应综合评价

综上所述,三个矿区的生态储存指标如表 5-23 所示。敏矿生态储存状态值、生态储存过程值、生态储存条件值明显高于其他两个矿区,宝矿生态储存能力值、生态储存格局及生态储存条件均低于其他两个矿区。对各矿区生态储存指标进行赋值,结合各指标权重(表 5-9),根据式(5-11)计算各矿区生态储存效应综合指数如表 5-24 所示。其中,敏矿综合指数相对较高为 4.370,宝矿次之,胜利矿相对较低为 1.654,说明三个矿区中,土地利用对区域生态储存影响伊敏矿最小,胜利矿最大。三个大型煤矿,胜利矿已有 46 年开采历史,矿区土地利用受人类活动影响较大,土地利用结构变化较为显著,单位面积土地所累积的负生态效应较为明显。宝矿虽开采时长较短,但仅用 12 年就达到设计产量,达到设计产量后近7 年产量远超出设计产量,加快了矿区生态系统能量流、物质流及信息流之间的交换,进而影响了单位面积土地生态储存过程及能力。

表 5-23　三个矿区生态储存指标

矿区	ESS/(元/hm²)	ESP/%	ESC/[元/(hm²·a)]	EP	LC/%
宝矿	4 260	−28.18	−410	1.15	0.37
敏矿	4 410	−25.51	−310	1.16	0.69
胜利矿	4 130	−34.82	−240	1.17	0.62

表 5-24　三个矿区生态储存指标分值及综合指数

矿　区	ESS	ESP	ESC	EP	LC	D
宝　矿	3	3	5	1	1	2.976
敏　矿	5	5	3	3	5	4.370
胜利矿	1	1	1	5	3	1.654

参考文献

[1] 张建军.矿业城市生态储存对土地利用的响应与平衡[D].北京:中国地质大学(北京),2010.

[2] 康萨如拉,牛建明,张庆,等.草原区矿产开发对景观格局和初级生产力的影响:以黑岱沟露天煤矿为例[J].生态学报,2014,34(11):2855-2867.

[3] 环境保护部科技标准司.环境影响评价技术导则 煤炭采选工程:HJ 619—2011 [S].

[4] 赵汝冰,肖如林,万华伟,等.锡林郭勒盟草地变化监测及驱动力分析[J].中国环境科学,2017,37(12):4734-4743.

[5] 康萨如拉,张庆,牛建明,等.景观历史对物种多样性的影响:以内蒙古伊敏露天煤矿为例[J].生物多样性,2014,22(2):117-128.

[6] 张晓德.矿产开采对草原景观及土壤重金属的影响:以锡林浩特市为例[D].北京:中国农业科学院,2018.

[7] 田淑静.鄂尔多斯高强度采区 NOAA(AVHRR)NDVI 的时序分析:以神东矿区为例[D].焦作:河南理工大学,2015.

[8] ENVIRONMENT N S. A proponent's guide to environmental assessment[R]. Halifax. 2014

[9] 李传新.基于遥感的锡林河流域草地退化及影响因素分析[D].北京:中国地质大学(北京),2016.

[10] COSTANZA R. The value of the word's ecosystem services and natural capital [J]. Nature,1997,387:253-260.

[11] 谢高地,张彩霞,张昌顺,等.中国生态系统服务的价值[J].资源科学,2015,37 (9):1740-1746.

[12] 徐占军,冯俊芳,程盼,等.煤矿区生态储存估算及其对土地利用的综合响应评价 [J].农业工程学报,2018,34(12):258-266.

[13] ZHANG J J, FU M C, TAO J, et al. Response of ecological storage and conservation to land use transformation:a case study of a mining town in China [J]. Ecological Modelling,2010,221(10):1427-1439.

6 生态效应定量解析与响应策略:以宝矿为例

在煤矿开采、土地利用过程中,矿区植被、土壤、地形等遭受剧烈扰动,原生地貌发生改变,形成了不同的场地类型,如采区、储煤场、工业广场等。采区及剥离区以煤炭采掘为主,地表植被遭到破坏,露天开采常形成采坑,井工开采则会形成大面积的塌陷区。工业广场,以煤炭加工为主,地面硬化后建设办公区、破碎站及储煤场等设施。排土场由采掘剥离的表土、加工产生的煤矸石等堆积而成。长期大规模的开采会引起矿区场地结构不断变化,水土流失、环境污染和生物多样性减少等问题凸显,场地生态质量下降,土壤污染是不可忽视的重要问题之一。研究表明,燃煤挥发的重金属元素被粉煤灰颗粒吸附降落到土壤表面,经过雨水淋溶、渗透,从而引起土壤被重金属污染[1];矸石山的长期堆放,经过风化、淋滤,直接或间接地污染矿区及周围土壤[2]。受重金属污染的农作物和水进入人体,会对人类健康造成危害。已有研究发现,内蒙古露天矿区及周围土壤中常见的重金属元素包括 Cr、Cd、Pb、Zn、Cu、As、Ni[3],过量摄入这些元素,会对神经、消化系统产生危害。本章以宝矿为例,在评估宝矿生态安全状况的基础上,结合宝矿生命周期,通过影像及实验检测数据,分析矿区场地类型演变,定量评估场地地表生态响应趋势,有助于了解宝矿地表生态质量及影响范围,为矿区生态治理提供实践指导。

6.1 评价技术框架与方案

6.1.1 技术框架

(1)宝矿选择依据

自 2001 年建成投产开始,2007 年二期扩建,2011 年已达到年产 20 Mt 的年设计产量,2013 年年产量增至 30 Mt,成为蒙东地区煤炭生产规模最大的露天矿,发展速度较快。而根据以上章节分析得出,宝矿矿区开采后人类活动对区域植被演变产生一定影响,对土地生态储存功能的影响甚至超过开采周期较长的敏矿,矿区地表生态受采矿活动影响较为显著。同时,结合图 6-1 可以看出,目前宝矿生命周期处于稳定发展阶段,生态系统受损,但仍可恢复,定量解析其地表生态效应对于同阶段、同规模或同区域的矿区生态效应分析及生态修复具有方法参考价值。

(2)技术框架

基于煤矿的开采历史,对宝矿的生命周期进行阶段划分;通过解译遥感影像及实地采样调研,获取矿区场地结构变化及土壤理化性质;选取生态质量指标,分析评价矿区生态质量的时空变化;依据生态质量评价结果,确定宝矿开采对周围生态的影响范围,具体技术框架示意如图 6-2 所示。

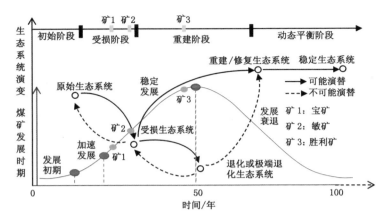

图 6-1　宝矿生命周期阶段及生态系统演变阶段

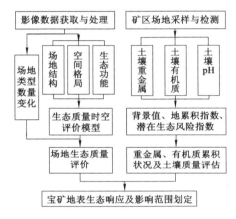

图 6-2　技术框架

6.1.2　实验方案

（1）影像数据处理

依据宝矿开采历史及煤炭开采量，结合煤矿生命周期理论，选取 2001 年、2007 年、2011 年、2013 年、2019 年作为研究时点，其生命周期可分为投产阶段（2001—2007 年）、达产阶段（2007—2011 年）、丰产阶段（2011—2013 年）和稳产阶段（2013—2019 年）（图 6-3）。

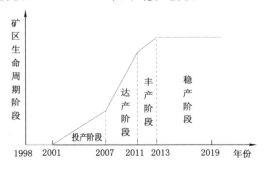

图 6-3　宝矿生命周期阶段划分

影像信息及各种场地类型具体含义分别如表 6-1 和表 6-2 所示。

表 6-1 宝矿影像基本信息

时间	卫星	传感器	行/列号	空间分辨率
2001.09.24	LANDSAT-7	ETM+	123/26	30 m
2007.09.01	LANDSAT-5	TM	123/26	30 m
2011.09.12	LANDSAT-5	TM	123/26	30 m
2013.09.17	LANDSAT-8	OLI_TIRS	123/26	30 m
2019.09.18	LANDSAT-8	OLI_TIRS	123/26	30 m

表 6-2 矿区场地类型

地类编号	类 型	含 义
1	耕地	种植农作物的土地
2	林地	有林地、灌木林地和其他林地
3	草地	天然牧草地、人工牧草地和其他草地
4	河流	湖泊、河流等天然水域
5	坑塘	水库、池塘等人工水域
6	交通运输	公路、铁路、城村镇道路、机场
7	建设用地	住宅、商服用地、公共管理与公共服务用地、仓储用地
8	砖窑厂	砖瓦窑等地面生产用地
9	露天采区	正在开采煤层的区域
10	剥离区	已剥离表层土质,但未剥离到煤层的区域
11	工业广场	矿区储煤场、破碎站、传送带、办公大楼
12	未复垦排土场	采矿排弃物集中排放区域
13	复垦区	已复垦绿化排土场
14	其他用地	沙地、裸地等

根据表 6-3 解译标志,对宝矿影像进行解译。通过总体精度、Kappa 系数及实地抽样(包括 19 块采样地、莫日格勒河附近 3 个抽样地,共计 22 个验证点)验证对精度进行检验,表 6-4 显示 5 期总体精度均超过 83.74%,Kappa 系数均在 0.8 以上,其中 2019 年实地验证中有 20 个验证点与分类结果相符,相符率达到了 91%,基本满足本研究的应用需要。

表 6-3 影像解译标志体系

场地类型	典型影像	判读标志波段 5、4、3
耕地	深绿色、浅绿色、亮红色,呈现规则条带状、圆形(灌溉农业)分布,较为集中	

表 6-3（续）

场地类型	典型影像	判读标志波段 5、4、3
林地	深绿色，形状不规则，纹理较为粗糙，多分布在水域附近	
草地	呈红色或浅绿色，色调较均匀，大片状，面积最大	
水域	呈黑色或深红色，为线状或圆形，轮廓清晰	
坑塘	黑色，呈块状，单个分布	
交通运输	黑色或亮白色的线状，形状明显	
建设用地	呈现白色或亮黄色，斑块面积较小，纹理粗糙	
砖窑厂	灰色，中间有亮黄色分布，呈现中心向外扩散状	
露天采区	黑色，斑块面积较大，边界清晰	
剥离区	亮白色，分布在露天采区周围，色调不均匀，呈条状分布	
工业广场	黑色、白色、黄色、粉红色，形状规则，边界明显	
未复垦排土场	亮白色、灰色，地形平坦，分布在剥离区附近，斑块面积较大	

表 6-3(续)

场地类型	典型影像	判读标志波段 5、4、3
复垦区	深绿色,形状平坦,斑块面积大,具有明显的条带	
其他用地	白色或黑色,斑块面积小,无明显形状规则	

表 6-4 遥感影像场地分类精度评价 单位:%

场地类型	2001 年		2007 年		2011 年		2013 年		2019 年	
	制图精度	用户精度	制图精度	用户精度	制图精度	用户精度	制图精度	用户精度	制图精度	用户精度
耕地	87.79	85.42	88.63	87.09	87.74	88.53	90.38	87.49	91.89	90.79
林地	82.32	82.54	85.42	83.44	81.22	83.48	83.92	84.96	86.55	87.63
草地	86.63	87.42	85.55	84.63	83.55	84.76	85.98	86.67	86.94	88.36
河流	87.73	89.22	86.35	88.86	87.35	86.11	85.94	84.40	87.61	89.75
坑塘	91.34	90.53	87.46	84.42	89.33	90.29	87.92	91.03	92.33	91.56
交通运输	86.12	84.67	83.38	85.63	83.58	84.11	84.71	86.93	85.54	86.73
建设用地	82.34	84.12	87.77	86.98	83.22	84.68	86.73	85.33	87.66	85.89
砖窑厂	84.41	83.52	85.08	84.33	82.99	83.47	83.90	84.26	82.78	84.37
露天采区	83.39	82.14	82.21	83.76	83.95	84.09	86.73	89.90	87.26	87.55
剥离区	82.58	83.11	84.48	86.01	85.01	86.93	88.76	89.76	91.75	89.05
工业广场	84.21	86.35	85.11	87.67	85.94	83.08	85.50	84.49	83.09	85.78
未复垦排土场	81.13	80.65	83.25	81.55	83.88	85.19	86.01	87.99	87.36	88.84
复垦区	85.59	87.52	84.76	83.33	84.98	84.05	87.48	86.04	85.69	87.43
其他用地	84.62	84.33	84.22	84.11	87.22	84.75	88.98	89.93	87.72	88.28
总体精度	83.74		86.11		85.98		88.75		89.39	
Kappa 系数	0.806 1		0.843 8		0.837 1		0.850 9		0.873 3	

(2) 矿区场地类型空间格局变化分析

矿区场地对人类活动的响应不仅是各种用地类型数量的变化,同时也表现在各种用地类型空间格局的改变。稳定合理的矿区场地空间分布有利于各类型生态系统服务功能的发挥。复杂网络作为研究社会学的常用方法,能够从系统整体出发分析内部个体行为及其之间的关联关系,已被应用于土地学科领域,定量描述各地类之间的复杂关系。节点和连线是复杂网络的两个主要的组成部分,其中,节点表示系统中单个个体,连线表示各个体之间的关联。在矿区中,各场地类型是节点,地类之间的相互转换是连线,常用平均路径长度、节点的度和介数三个属性指标进行网络稳定性分析[4,5]。

① 度

节点的度是与该节点连接的所有边的总数。计算公式为:

$$k_i = \sum_i a_{ij} \tag{6-1}$$

式中,a_{ij} 为网络矩阵中的元素,反映两点之间边的存在性,若 $a_{ij}=1$,则表示点 i 和点 j 间存在边,反之则不存在。

节点的度反映点与其相连接边的关系,一般存在三种情况:该节点主动连接到其他点上,其他点可能主动连接到该点上,两点间无主次的相互连接。分析以上三种情况,假设网络中存在 N 个节点,对其中节点 i,从除节点 i 以外的其他各节点连接到节点 i 的总边数为节点 i 的入度,从节点 i 出发连接到其他各节点的总边数为节点 i 的出度,节点 i 的入度和出度分别用 k_i^{in} 和 k_i^{out} 表示,计算公式为:

$$k_i^{\text{in}} = \sum_{j \in V(i)} a_{ij} \tag{6-2}$$

$$k_i^{\text{out}} = \sum_{j \in V(i)} a_{ij} \tag{6-3}$$

② 介数

节点介数是网络中所有最短路径经过该节点的数量比例,反映节点在整个网络中的重要性,介数越大,说明节点越重要。在矿区场地中,若某场地类型的介数值越大,说明在场地中作用越大,对场地类型变化过程起最关键的作用。一方面,节点介数值越高,表明该场地类型转化越频繁,是较为活跃的类型;另一方面,节点介数值高,也可能对两种场地类型转化起中间"桥梁"的关键作用。由此可见,关键场地类型在某种程度上控制了其他类型之间的转化,计算公式为:

$$B_i = \frac{1}{(n-1)(n-2)} \sum_{j \neq k} \frac{b_{ijk}}{b_{jk}} \tag{6-4}$$

式中,B_i 为某节点介数;b_{jk} 为节点 j 和 k 间的最短路径数;b_{ijk} 为节点 j 和 k 间经过点 i 的最短路径数;n 为整个网络的节点数。

③ 平均路径长度

网络中平均路径长度是所有节点对的平均距离,反映了网络节点间的分离程度,同时反映网络的全局特征,具体计算公式为:

$$L = \frac{1}{N(N-1)} \sum_{i \neq j} d_{ij} \tag{6-5}$$

式中,N 为网络节点数,网络节点间的距离越短,两节点间联系越密切,节点间传输性越好。在分析场地系统稳定性的应用中,两节点间平均最短路径值越大,表明这两种场地类型间转化越困难,场地系统越稳定。

(3)矿区场地生态安全评价指标

① 正态云模型介绍与应用

在进行生态安全定量评价过程中,评价指标的选择不可避免地具有模糊性与随机性,造成评价结果有失客观,因此,引入能够兼顾指标模糊性和随机性的方法——正态云模型,对宝矿进行生态安全评价。

a. 云模型概念

云模型:1995 年,针对定性概念中的模糊性与随机性,基于模糊数学理论和概率论,中国工程院院士李德毅提出云模型的概念。云模型是指运用语言值表示某个定性概念和定量表示之间的不确定性,主要用来刻画多个指标评价中所存在的不确定性现象[6],是一种能够兼顾评价指标选择的随机性和模糊性,使得指标能够在定性和定量之间进行转化的数学模型。模型中的相关概念如下:

云和云滴[7]:假设 U 是一个用精确数值表示的定量论域,C 是论域 U 中的定性概念,如果定量值 $x \in U$,且 x 是定性概念 C 的一次随机实现,x 对 C 的确定度 $\mu(x) \in [0,1]$ 是有稳定倾向的随机数 $\mu_C(x):U \to [0,1]$,则 x 对论域 U 上的分布成为云,每一个 x 称为一个云滴(隶属云)。

b. 数字特征

根据相关研究,自然科学及社会中的大量事物的分布几乎都服从正态分布或半正态分布,因此,作为重要的云模型之一——正态云模型,因其具备较高的普适性,已被广泛应用于工程施工[8]、水质监测[9]、资源开发、灾害估计[10]以及企业信用等方面的安全风险评估,但在矿区生态安全评价中的研究相对较少。

正态云模型[11]的数字特征用期望(E_x)、熵(E_n)和超熵(H_e)表示。其中,期望 E_x 表示云滴在论域空间分布的期望,其本质是最能代表定性概念的点;熵 E_n 是对定性概念的不确定性的度量,反映代表这个定性概念的云滴的离散程度,也是定性概念中亦此亦彼性的度量,反映论域空间中可被概念接受的云滴的取值范围;超熵 H_e 由熵的模糊性和随机性决定,用来度量熵的不确定性,即为熵的熵。

若隶属云 x 服从正态分布,则 $x \sim N(E_x, E_n'^2)$,其中,$E_n'^2 \sim N(E_n, H_e^2)$,且 x 对 C 的确定度 $\mu(x) \in [0,1]$ 中有稳定倾向的随机数 $\mu_C(x):U \to [0,1]$,x 对 C 的确定度 $\mu_C(x)$ 满足:

$$\mu_C(x) = \exp\left\{-\frac{(x-E_x)^2}{2E_n'^2}\right\} \tag{6-6}$$

则称 x 在论域上的分布为正态云。

c. 正向正态云发生器算法

云模型中,通过数字特征来生成用以进行定性概念的定量数值,成为正向正态云发生器算法。输入表示数字特征的 E_x、E_n、H_e 和生成云滴的个数 n,生成云图。输出是 n 个云滴及其确定度 μ[可表示为 $\mathrm{drop}(x_i, \mu_i)$,$i=1,2,3,\cdots,n$],该算法计算流程图如图 6-4 所示。

② 生态安全评价步骤

基于正态云模型,宝矿生态安全综合评价共 5 步:

步骤一:建立宝矿安全评价指标域 $C = \{c_1, c_2, \cdots, c_n\}$ 和安全评价指标标准值域 $S = \{s_1, s_2, \cdots, s_m\}$;

步骤二:根据层次分析法计算各评价指标权重矩阵 $W = \{w_1, w_2, \cdots, w_n\}$;

步骤三:建立指标域与标准值域之间的模糊关系矩阵 R,即指标域中的各指标元素在评价标准值域中的隶属度关系。指标域 $c_i = \{i=1,2,\cdots,n\}$ 中对应的指标标准值域中的评价等级 $s_j = \{j=1,2,\cdots,m\}$ 是一个定性概念,采用正态云模型计算评价指标域中评价因素的隶属度,使得各指标对应的评价等级能够完成定性到定量的转换。假设 $c_i = \{i=1,2,\cdots,n\}$ 对应的等级 $s_j = \{j=1,2,\cdots,m\}$ 的上、下边界值分别为 $(x_{ij}^{\pm}, x_{ij}^{\mathrm{F}})$,计算公

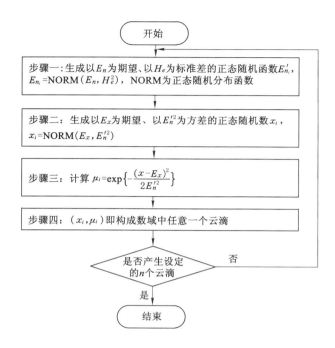

图 6-4　正向正态云发生器算法流程

式如下：

$$E_{x_{ij}} = (x_{ij}^{\text{上}} + x_{ij}^{\text{下}})/2 \qquad (6\text{-}7)$$

值得注意的是，$x_{ij}^{\text{上}}$ 和 $x_{ij}^{\text{下}}$ 是两个评价等级区间的过渡值，具有模糊性和随机性的特征，因此，$x_{ij}^{\text{上}}$ 和 $x_{ij}^{\text{下}}$ 同时隶属于相邻的两个安全等级且隶属度相等，因此：

$$\exp\left\{-\frac{(x_{ij}^{\text{上}} - x_{ij}^{\text{下}})^2}{8(E_{n_{ij}})^2}\right\} = 0.5 \qquad (6\text{-}8)$$

求解式(6-8)后得出：

$$E_{n_{ij}} = (x_{ij}^{\text{上}} - x_{ij}^{\text{下}})/2.355 \qquad (6\text{-}9)$$

超熵 $H_{e_{ij}}$ 是熵 $E_{n_{ij}}$ 的熵，可直接反应云滴之间的离散程度，超熵越大，表示云滴的聚合性越好，其值的确定一般由多次实验取得[12]。

步骤四：正态云模型各参数确定后，运用正向正态云发生器并输入宝矿生态安全各评价指标，计算各指标值在各安全等级的隶属度 Z。为提高结果的可靠性，避免运算结果的随机性，重复运行发生器多次，最后求取多次运行结果的加权平均值作为各评价指标的综合平均隶属度[13]，公式如下：

$$Z_{ij} = \sum_{k=1}^{N} \frac{Z_{ij}^k}{N} \qquad (6\text{-}10)$$

式中，Z_{ij} 为各指标的平均隶属度；N 为重复发生次数；Z_{ij}^k 为指标 $c_i = \{i = 1, 2, \cdots, n\}$ 中对应评价等级 $s_j = \{j = 1, 2, \cdots, m\}$ 计算的隶属度；k 为发生器运行次数。

步骤五：得出指标对应评价等级的隶属度矩阵后，根据权重矩阵 W，计算出评价标准值域 S 上的模糊子集 P：

$$P = Z \times W = (p_1, p_2, \cdots, p_k) \qquad (6\text{-}11)$$

$$P_j = \sum_{i=1}^{n} w_i \times Z_{ij} \quad j = 1, 2, \cdots, k \qquad (6\text{-}12)$$

式中，P_j 为宝矿安全评价结果属于第 j 个评价等级的隶属度。根据隶属度最大原则[12]，选择隶属度最大的评价等级作为最终宝矿生态安全评价结果。

③ 指标选择

干旱半干旱草原矿区本是一个集生态脆弱性、扰动破坏性和恢复困难性于一体的复杂生态系统，因此，其生态安全评价指标的构建是一项综合性的工作。PSR 模型是一种由人类活动对环境造成的生态压力、自然资源与环境所处的状态以及人类社会为减轻环境恶化所采取的行为响应 3 方面构成的具有因果关系的框架模型[14]，因其具有清晰的逻辑关系，已被广泛应用于资源、环境及可持续发展等众多领域[15]。依据 PSR 模型的综合性及逻辑性，选择 PSR 模型构建宝矿生态安全评价指标体系。

在构建宝矿评价指标体系时，按照客观性、针对性、完整性和适用性原则，根据已有研究中关于矿区常用的一般生态要素、经济社会等指标之外，考虑宝矿生产建设实际，综合确定其评价指标体系。具体分析如下：

生态压力指标：对宝矿而言，煤炭开采是该地区最主要的活动类型，由此产生的经济成本、资源消耗和生态要素破坏是产生草原矿区生态压力的主要来源。因此，本章选择矿区建设规模、平均剥采比、开采深度、生产成本、电耗、土地塌陷面积比和土壤侵蚀模数 7 个指标作为矿区生态压力指标。

生态状态指标：在矿区生态状态指标的提取中，草原矿区自然环境及采矿后水、土、气关键生态要素状态是体现矿区生态环境受人为活动影响后的生态安全状况的主要方面，基于以上，选择年平均降水量、人均草地面积、人均耕地面积、人均水资源可利用量、林草覆盖率、土壤有机质含量、土壤全氮含量、土壤全磷含量、SO_2 日排放浓度、粉尘日排放浓度 10 个指标作为矿区生态状态指标。

生态响应指标：反映矿区面临风险时的行为活动响应，主要从资金投资力度、劳动生产效率和破坏力修复效果三方面，选择全员劳动率、废水利用率、固废利用率、科研投资占总投资比和环保投资占总投资比 5 个指标作为矿区生态响应指标。

④ 体系构建及层次分析法确权

通过利用 PSR 模型，以矿区生态安全为目标层，以压力、状态、响应三方面为准则层，共筛选 22 个指标作为因素层构建宝矿生态安全评价指标体系，见表 6-5。采用层次分析法（analytic hierarchy process，AHP）确定宝矿各评价指标权重。根据层次分析法的步骤及评价指标体系的目标层、准则层和因素层，依次对指标进行两两比较，建立判断矩阵，确定权重。之后进行一致性检验，通过检验则计算终止。经 AHP 确定的宝矿生态安全各评价指标权重值见表 6-5。

⑤ 指标标准确定

在指标安全标准的划分中，未有统一规定。本章中宝矿生态安全评价标准值是在我国已颁布实施的各项标准、国内平均值、国际公认值、行业分析报告以及已有研究中相似地区研究结果的基础上，从宝矿生态环境现状及特征出发，综合分析归纳后根据正态云模型原理确定的（表 6-5）。

表6-5　宝矿生态安全评价指标体系

目标层	准则层	指标层	安全级	良好级	敏感级	危险级	恶劣级	权重
矿区生态安全	压力	C1 建设规模/(Mt/a)	0—1	1—4	4—10	10—30	30—40	0.248
		C2 平均剥采比/%	2.4—3.1	3.1—3.9	3.9—5.1	5.1—7.1	7.1—8	0.078
		C3 开采深度/m	0—50	50—100	100—150	150—200	200—300	0.203
		C4 生产成本/(t/元)	0—50	50—150	150—250	250—350	350—450	0.044
		C5 电耗/(kW·h/t)	0—15	15—20	20—25	25—30	30—35	0.03
		C6 土地塌陷面积比/%	0—8	8—15	15—25	25—40	40—100	0.137
		C7 土壤侵蚀模数/[t/(km²·a)]	0—500	500—1 000	1 000—2 500	2 500—5 000	5 000—10 000	0.155
	状态	C8 年平均降水量/mm	750—500	500—400	400—300	300—200	200—100	0.894
		C9 人均草地面积/(ha/人)	10.4—7.3	7.3—6.2	6.2—4.2	4.2—1.9	1.9—0	0.177
		C10 人均耕地面积/(ha/人)	0.8—0.6	0.6—0.4	0.4—0.2	0.2—0.1	0.1—0	0.022
		C11 人均水资源可利用量/(m³/人)	13 333—10 000	10 000—5 000	5 000—1 750	1 750—1 000	1 000—0	0.142
		C12 林草覆盖率/%	100—70	70—60	60—40	40—18	18—0	0.218
		C13 土壤有机质含量/%	70—40	40—30	30—20	20—10	10—0	0.047
		C14 土壤全氮含量/(g/kg)	2—1.5	1.5—1	1—0.75	0.75—0.5	0.5—0	0.047
		C15 土壤全磷含量/(g/kg)	1—0.8	0.8—0.6	0.6—0.4	0.4—0.2	0.2—0	0.047
		C16 SO₂ 日排放浓度/(mg/m³)	0—200	200—300	300—400	400—550	550—600	0.112
		C17 粉尘日排放浓度/(mg/m³)	0—20	20—30	30—50	50—80	80—100	0.112
	响应	C18 全员劳动率/[t/(人·a)]	12.93—183.42	183.42—630	630—1 730	1 730—4 500	4 500—5 000	0.074
		C19 废水利用率/%	100—90	90—70	70—50	50—30	30—0	0.132
		C20 固废利用率/%	100—90	90—80	80—70	70—60	60—0	0.174
		C21 科研投资占总投资比/%	5—4	4—3	3—2	2—1	1—0	0.264
		C22 环保投资占总投资比/%	5—4	4—2.5	2.5—1	1—0.5	0.5—0	0.356

⑥ 指标值域正态云数字特征

根据宝矿生态安全评价步骤三,结合式(6-7)至式(6-9),计算各评价指标在不同安全等级下的正态云标准。在标准值获取过程中,除 E_x、E_n 通过公式进行计算外,利用 Matlab 2017 编写程序运行后,多次实验可获得 H_e。以 C2 平均剥采比为例,在安全级内,$E_n = 0.29$,$E_x = 2.79$,分别筛选 H_e 为 0.01、0.05、0.1 后,设置运行次数 $N = 1\,500$ 次,最终得出 $1\,500$ 个云滴构成的正态云分布图,如图 6-5 所示。

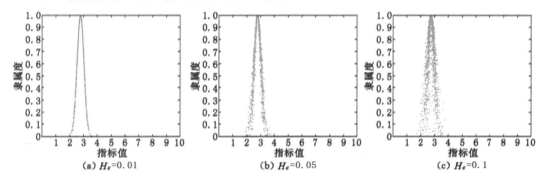

图 6-5 不同超熵值下的云层厚度

由图 6-5 知,超熵 H_e 的大小直接影响云层厚度。因此,正态云标准的准确性与 H_e 值密切相关。当 $H_e = 0.1$ 时,云滴分布相对分散,不足以体现清晰的正态分布;当 $H_e = 0.01$ 时,虽能体现明显的正态分布曲线,但云层相对较薄,实验后发现不同安全等级下的云层薄厚不均,相差较大;当 $H_e = 0.05$ 时,云层厚度适中,正态云曲线显示清晰,且在其他安全等级中相差不大,因此,确定 0.05 为 C2 指标的超熵值。同理,多次实验后确定的宝矿生态安全各评价指标的正态云标准值如表 6-6 所示。

将生态安全各指标的正态云标准数组代入正态云发生器,得到不同安全等级下的正态云,以 C2 平均剥采比为例,建立标准正态云隶属函数,如图 6-6 所示。

(4) 矿区场地生态质量评价指标

① 指标选取

矿区生态系统的稳定性是衡量生态质量高低的重要标准。矿区生态系统的稳定程度和系统干扰程度决定了矿区生态系统的稳定性。矿区生态系统的稳定性常表现为矿区生态系统结构稳定和生态功能正常。矿区场地结构(R_1)、空间格局(R_2)及生态功能(R_3)可作为矿区生态系统稳定性的重要衡量指标。矿区场地结构是对生态系统具有不同影响的场地类型的数量、面积。空间格局强调矿区场地各斑块的空间分布与排列。矿区场地结构及空间格局则会影响景观的生态功能。在指标选取方面,应全面表现自然及人为干扰影响下的矿区生态状况。

矿区场地结构方面,选取场地类型数量(number of landscape types,NL)、自然指数(natural index,NI)、人为干扰指数(human interference index,HII)、人为改善指数(human assistance index,HAI)和植被绿度(vegetation coverage,VC)5 个指标。其中,NL 是评价单元中总体场地类型的数量,表明场地的复杂程度;NI 表明未受到人类干扰的反映初始生态状况的原生场地面积占比;HII 和 HAI 分别表示对生态系统产生消极和积极影响的人工扰

表6-6 宝矿生态安全评价指标不同安全等级正态云标准（期望、熵和超熵）

指标	安全级	良好级	敏感级	危险级	恶劣级
C1	(0.50,0.42,0.10)	(2.50,1.27,0.10)	(7.00,2.55,0.10)	(20.00,8.48,0.10)	(35.00,4.25,0.10)
C2	(2.79,0.29,0.05)	(3.51,0.33,0.05)	(4.50,0.51,0.05)	(6.10,0.85,0.05)	(7.55,0.38,0.05)
C3	(25.00,21.23,2.50)	(75.00,21.23,2.50)	(125.00,21.23,2.50)	(175.00,21.23,2.50)	(250.00,42.46,2.50)
C4	(25.00,21.23,3.50)	(100.00,42.46,3.50)	(200.00,42.46,3.50)	(300.00,42.46,3.50)	(400.00,42.46,3.50)
C5	(7.50,6.37,0.20)	(17.50,2.12,0.20)	(22.50,2.12,0.20)	(27.50,2.120,0.20)	(32.50,2.12,0.20)
C6	(4.00,3.40,0.50)	(11.50,2.97,0.50)	(20.00,4.25,0.50)	(32.50,6.37,0.50)	(70.00,25.48,0.5)
C7	(250.00,212.31,55.00)	(750.00,212.31,55.00)	(1 750.00,636.94,55.00)	(3 750.00,1 061.57,55.00)	(7 500.00,2 123.14,55.55)
C8	(625.00,106.16,6.50)	(450.00,42.46,6.50)	(350.00,42.46,6.50)	(250.00,42.46,6.50)	(150.00,4.46,6.50)
C9	(8.85,1.32,0.15)	(6.75,0.47,0.15)	(5.20,0.85,0.15)	(3.05,0.98,0.15)	(0.95,0.81,0.15)
C10	(0.70,0.08,0.01)	(0.50,0.08,0.01)	(0.30,0.08,0.01)	(0.15,0.04,0.01)	(0.05,0.04,0.01)
C11	(11 666.50,1 415.29,86)	(7 500.2 123.14,86)	(3 375.00,1 380.04,86)	(1 375.00,318.47,86)	(500.00,424.63,86)
C12	(85.00,12.74,0.85)	(65.00,4.25,0.85)	(50.00,8.49,0.85)	(29.00,9.34,0.85)	(9.00,7.64,0.85)
C13	(55.00,12.74,0.35)	(35.00,4.25,0.35)	(25.00,4.25,0.35)	(15.00,4.25,0.35)	(8.00,1.70,0.35)
C14	(1.75,0.21,0.02)	(1.25,0.21,0.02)	(0.88,0.11,0.02)	(0.63,0.11,0.02)	(0.25,0.21,0.02)
C15	(0.90,0.08,0.015)	(0.70,0.08,0.015)	(0.50,0.08,0.015)	(0.30,0.08,0.015)	(0.10,0.08,0.015)
C16	(100.00,84.93,5.00)	(250.00,42.46,5.00)	(350.00,42.46,5.00)	(475.00,63.69,5.00)	(575.00,21.23,5.00)
C17	(10.00,8.49,0.90)	(25.00,4.25,0.90)	(40.00,8.49,0.90)	(65.00,12.74,0.90)	(90.00,8.49,0.90)
C18	(98.18,72.39,13.50)	(406.71,189.63,13.50)	(1 180.00,467.09,13.50)	(3 115.00,1 176.22,13.50)	(4 750.00,212.31,13.50)
C19	(95.00,4.25,0.70)	(80.00,8.49,0.7)	(60.00,8.49,0.70)	(40.00,8.49,0.70)	(15.00,12.74,0.70)
C20	(95.00,4.25,0.70)	(85.00,4.25,0.7)	(75.00,4.25,0.70)	(65.00,4.25,0.70)	(30.00,25.48,0.70)
C21	(4.50,0.42,0.04)	(3.50,0.42,0.04)	(2.50,0.42,0.04)	(1.50,0.42,0.04)	(0.50,0.42,0.04)
C22	(4.50,0.42,0.04)	(3.25,0.64,0.04)	(1.75,0.64,0.04)	(0.75,0.21,0.04)	(0.25,0.21,0.04)

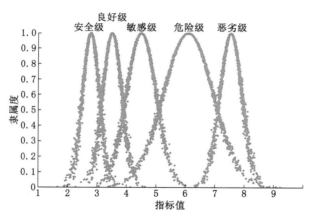

图 6-6 宝矿平均剥采比正态云隶属度

动场地面积占比;VC 是自然及人类共同影响下的植被面积占比。NL 可从评价单元中直接获取,其余各指标计算公式如下:

$$NI = \frac{\sum NLA_i}{TA} \tag{6-13}$$

$$HII = \frac{\sum ANLA_i \times IC_i}{TA} \tag{6-14}$$

$$HAI = \frac{\sum APLA_i}{TA} \tag{6-15}$$

$$VC = \frac{\sum VLA_i}{TA} \tag{6-16}$$

式中,NLA、ANLA、APLA 和 VLA 分别为原生场地、消极影响的人工扰动场地、积极影响的人工扰动场地及植被场地,其中原生场地包括草地、河流,消极影响的人工扰动场地包括建设用地、交通运输用地、砖窑厂、未复垦排土场、工业广场、露天采区、剥离区、耕地,积极影响的人工扰动场地包括坑塘、林地及复垦区,植被场地包括草地、林地、复垦区及耕地;TA 为每个评价单元的面积;IC$_i$ 为影响系数,不同的人工扰动方式对生态系统的影响方式和影响程度具有较大差异,其中建设用地、交通运输用地、砖窑厂、未复垦排土场、工业广场、露天采区、剥离区影响较大,IC$_i$ 取 1,其他用地和耕地影响相对较小,分别取 0.6 和 0.4[16]。

空间格局方面,选取斑块数(number of patches,NP)、总边缘长度(total edge,TE)、面积加权平均形状指数(area weighted mean shape index,AWMSI)、分离度指数(landscape division index,LDI)、香农多样性指数(shannon's diversity index,SHDI)5 个指标。其中,NP 是评价单元中斑块总个数,用于反映场地斑块的空间格局;TE 表示与周围斑块相互作用情况,反映了人为干扰强度;AWMSI 是反映斑块形状变化的重要指标,对生态过程产生影响;LDI 是反映斑块个体离散程度的指标,分离度指数越大,表明斑块的零碎或离散程度越明显;SHDI 是场地类型多样性的重要指标,对稀有斑块敏感力较强。NP 和 TE 分别可以通过每个评价单元的各类场地斑块数和长度计算得到,其余各指标计算公式如下:

$$AWMSI = \sum \left(\frac{0.25 \times LP_i}{\sqrt{LA_i}} \times \frac{LA_i}{TA} \right) \tag{6-17}$$

$$\mathrm{LDI} = \left[1 - \sum \left(\frac{\mathrm{LA}_i}{\mathrm{TA}} \right)^2 \right] \tag{6-18}$$

$$\mathrm{SHDI} = - \sum \frac{\mathrm{LA}_i}{\mathrm{TA}} \ln \frac{\mathrm{LA}_i}{\mathrm{TA}} \tag{6-19}$$

式中，LP_i、LA_i分别指每个评价单元中场地类型i的周长、面积。

生态服务功能方面，选取归一化植被指数（NDVI）、归一化建筑及裸地指数（NDBSI）、土壤盐分指数（SSI）3个指标。其中，NDVI能够准确、快速地反映植被的生长状况，它与支持（作为栖息地）、供应（食物和木材供应）和调节（水和空气净化）服务功能紧密相关；NDBSI通过结合不透水和裸地的条件来表示干旱程度，同时是含水量和节水能力的判别指标，是调节功能的重要体现；SSI是指土壤盐分含量，反映人类活动影响下水土流失造成的土壤盐渍化，表示影响土壤质量、植被生长状况、生物多样性和作物产量的支持服务功能。各指标计算公式如下：

$$\mathrm{NDVI} = \frac{\mathrm{Re}_5 - \mathrm{Re}_4}{\mathrm{Re}_5 + \mathrm{Re}_4} \tag{6-20}$$

$$\mathrm{IBI} = \frac{2 \times \mathrm{Re}_6 / (\mathrm{Re}_6 + \mathrm{Re}_5) - [\mathrm{Re}_5 / (\mathrm{Re}_5 + \mathrm{Re}_4) + \mathrm{Re}_3 / (\mathrm{Re}_3 + \mathrm{Re}_6)]}{2 \times \mathrm{Re}_6 / (\mathrm{Re}_6 + \mathrm{Re}_5) + [\mathrm{Re}_5 / (\mathrm{Re}_5 + \mathrm{Re}_4) + \mathrm{Re}_3 / (\mathrm{Re}_3 + \mathrm{Re}_6)]} \tag{6-21}$$

$$\mathrm{BSI} = \frac{(\mathrm{Re}_6 + \mathrm{Re}_4) - (\mathrm{Re}_5 + \mathrm{Re}_2)}{(\mathrm{Re}_6 + \mathrm{Re}_4) + (\mathrm{Re}_5 + \mathrm{Re}_2)} \tag{6-22}$$

$$\mathrm{NDBSI} = \frac{\mathrm{IBI} + \mathrm{BSI}}{2} \tag{6-23}$$

$$\mathrm{SSI} = \sqrt{\mathrm{Re}_2 \times \mathrm{Re}_4} \tag{6-24}$$

式中，IBI和BSI分别表示建筑用地指数和裸土指数；Re_x是波段x。上述波段公式适用于Landsat 8数据，但对于Landsat 7和Landsat 5数据，x均减1。以2019年为例，得到各指标值的空间分布如图6-7所示。

综上所述，共选取13个生态质量评价指标，其中NI、HAI、VC和NDVI是正效应指标，其值越大，表明生态质量越好；NL、HII、NP、TE、AWMSI、LDI、SHDI、NDBSI、SSI是负效应指标，其值越大，表明受人类干扰程度越大，生态质量越差。指标具体量化方法如下：

$$\mathrm{Re}_{fa} = (V_x - V_{\min}) / (V_{\max} - V_{\min}) \tag{6-25}$$

$$\mathrm{Re}_{fa} = (V_{\max} - V_x) / (V_{\max} - V_{\min}) \tag{6-26}$$

式中，Re_{fa}是量化后的指标x；为避免极值产生误差，$V_{\max}$和$V_{\min}$分别取各指标95%和5%的可信区间的数值作为上限和下限值。当$\mathrm{Re}_{fa} > 1$，令$\mathrm{Re}_{fa} = 1$；当$\mathrm{Re}_{fa} < 0$，令$\mathrm{Re}_{fa} = 0$。

② 评价单元划分

目前，常用的区域生态评价单元主要包括矢量评价单元和栅格评价单元。矢量评价单元具有数据易获取的优点，但其评价结论信息的空间表达通过矢量面元的label点确定，由于矢量面元的巨大性及label点的随意性，评价结果通常被均值化，不能够精确地体现评价结果的空间差异性。依据栅格单元进行的评价通过空间分析中点对点的运算，不仅能够保证评价结果具有真正的空间意义，而且可以避免由碎小多边形较多造成的精度降低[17]。因此，本章采用栅格单元作为生态评价的基本单元。对于栅格单元的尺度，过大会影响评价结果的精度，过小不仅造成工作量增加，同时使评价结果不具有意义。Li和Xiao等关于内蒙古锡林郭勒草原及神东煤矿的生态问题研究表明，1 km尺度范围内草原区域景观指数没有

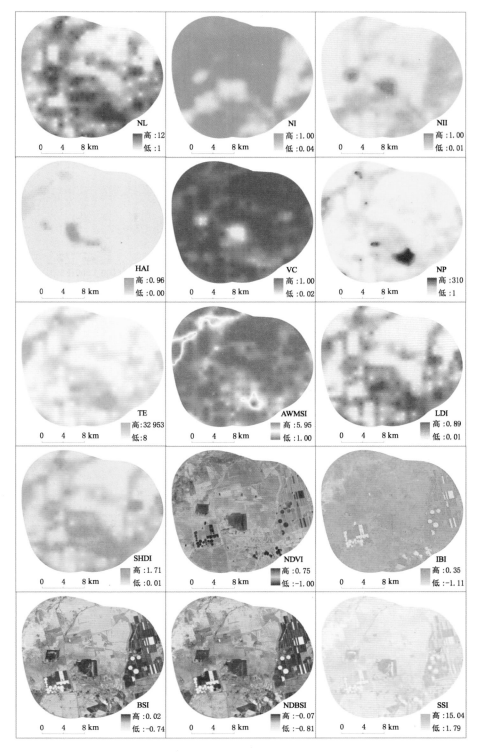

图 6-7　2019 年各指标因子

产生剧烈变化同时能够较好反映区域景观格局特征[18,19]。本章分别以 0.1 km、0.4 km、0.7 km、1 km、1.3 km、1.6 km 为尺度，分析空间格局指数不同尺度下的变化特征，并结合面积信息守恒方法确定适宜的栅格单元。

首先，利用 ArcGIS 将 5 期土地利用分类矢量数据转化为栅格数据，转换尺度分别为 0.1 km、0.4 km、0.7 km、1 km、1.3 km、1.6 km，其中转化过程采用最大面积值方法 (maximum area)，即在新生成的栅格像元中，其属性值为面积百分比最大的某种景观类型的属性值，得到 5 期不同像元尺度下的栅格图。运用 Fragstats 4.2 分析不同尺度下 5 个空间格局指数值，统计 5 期不同尺度矿区场地空间格局指数的均值，如图 6-8 所示。

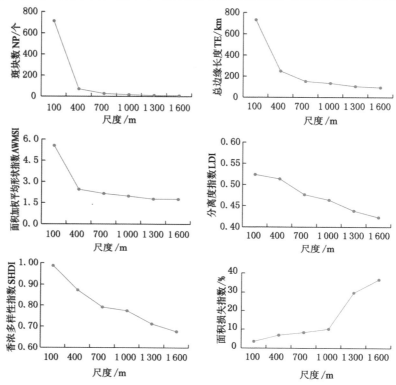

图 6-8　空间格局指数及面积损失指数随尺度变化的响应曲线

其次，基于尺度转换前的矢量数据中各场地类型面积，将转换后栅格数据各尺度下的场地类型面积与其对应的转换前的面积比较，计算不同尺度下各类场地类型面积的损失值，同时统计区域总面积损失值[20]。具体公式如下：

$$L_i = \frac{1}{Y}(A_i - A_{bi})/A_{bi} \times 100\% \tag{6-27}$$

$$S_i = \sqrt{\frac{1}{n}\sum_{i=1}^{n}L_i^2} \tag{6-28}$$

式中，A_i 为转换后某类场地类型在某一尺度的面积；A_{bi} 为该类型尺度转换前的面积；L_i 为面积损失的相对值；Y 为研究时段（$Y=5$）；S_i 为区域整体面积损失指数；n 为场地类型数量。S_i 越大，表明区域各类场地类型面积变化越大，尺度转换后各类型面积精度越差。

图 6-8 为场地类型指数及面积损失指数随尺度变化的响应曲线。斑块数(NP)、总边缘长度(TE)、面积加权平均形状指数(AWMSI)、分离度指数(LDI)、香农多样性指数(SHDI)随着尺度的增加呈现下降的趋势,在 0.7—1 km 尺度范围内,场地类型指数对粒度变化的响应敏感性相对较弱。面积损失指数随着尺度增加呈现增长的趋势,转换尺度小于 1 km,面积损失指数相对较小。为保证计算的质量及工作量,应在适宜的尺度内选择中等偏大的尺度[19]。综上所述,本章选取 1 km 作为研究的较适宜的栅格单元尺度。

（5）MSEQ 与 MTEQ 矿区场地生态质量时空评价模型

MSEQ(mining spatial ecological quality)表示某一时间点矿区生态状况和质量的空间特征。矿区场地结构和空间格局相互关联,共同影响矿区生态功能。具体计算公式如下:

$$\text{Reas} = \frac{1}{n} \sum \text{Re}_{fa} \tag{6-29}$$

$$\text{MSEQ} = \sqrt{\left[w\text{Re}_{a1} + (1-w)\text{Re}_{a2}\right] \times \overline{\text{Re}_{a3}}} \tag{6-30}$$

式中,Reas 为矿区生态质量评价指标;Re_{a1}、Re_{a2} 和 Re_{a3} 分别是矿区场地结构、空间格局及生态功能的评估结果;Re_{fa} 为每个层面包含的指标;n 是指标数量;w 是 Re_{a1} 相对于 Re_{a2} 的权重,为避免权重分配的主观性,w 取 0.5,表明矿区场地结构和空间格局同等重要。MSEQ 值越大,矿区场地生态质量越好[16]。

矿区生态质量在场地类型变化影响下呈现动态变化趋势。通过研究两个时间节点的生态质量变化,揭示不同生命周期阶段矿区场地生态质量变化特征 MTEQ(mining temporal ecological quality)。具体计算过程如下:

$$\text{MTEQ} = \frac{\text{MTEQ}_{en} - \text{MTEQ}_{be}}{Y_{en} - Y_{be}} \tag{6-31}$$

式中,MTEQ_{en}、MTEQ_{be} 分别是结束年份和开始年份的矿区场地生态质量;Y_{en}、Y_{be} 分别是结束年份和开始年份。矿区场地生态质量变化趋势见表 6-7[16]。

表 6-7　矿区场地生态质量变化趋势

等别	分值	变化类型
Ⅰ	$-0.1 \leqslant \text{MTEQ} < -0.02$	极显著下降
Ⅱ	$-0.02 \leqslant \text{MTEQ} < -0.005$	显著下降
Ⅲ	$-0.005 \leqslant \text{MTEQ} < 0.005$	基本不变
Ⅳ	$0.005 \leqslant \text{MTEQ} < 0.02$	显著上升
Ⅴ	$0.02 \leqslant \text{MTEQ} < 0.1$	极显著上升

（6）土壤生态质量评估

① 样点布设与样品采集

依据 2019 年矿区场地生态质量评价结果,选取生态质量较低区域如图 6-9 所示。依据场地生态敏感区,分别以矿区、2 km、5 km、8 km 缓冲区为界线,在各区域典型场地类型选取 19 块样地,其中矿区(10 个)、2 km(3 个)、5 km(3 个)、8 km(3 个),样地具体情况见表 6-8。

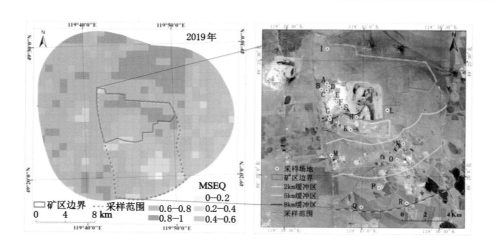

图 6-9　矿区采样场地分布

表 6-8　采样地基本信息

编号		场地类型	坐标	选择依据
矿区	A	复垦区 (北排土场北坡)	$X=5\ 474\ 913.18$ $Y=40\ 478\ 725.83$	① 场地复垦完好,已有植被覆盖;② 植被类型以草本为主;③ 迎风坡,存在土壤侵蚀现象
	B	复垦区 (北排土场西坡)	$X=5\ 474\ 363.18$ $Y=40\ 478\ 250.83$	① 场地复垦完好,已有植被覆盖;② 植被类型以灌木和草本为主
	C	复垦区 (北排土场平台)	$X=5\ 474\ 288.18$ $Y=40\ 478\ 725.83$	① 场地复垦完好,已有植被覆盖;② 植被类型以草本为主
	D	复垦区 (蓄水池旁边)	$X=5\ 474\ 638.18$ $Y=40\ 478\ 925.83$	① 场地复垦完好,已有植被覆盖;② 植被类型以灌木和草本为主;③ 附近有水域
	E	复垦区	$X=5\ 473\ 501.82$ $Y=40\ 479\ 478.11$	① 场地复垦完好,刚完成植被覆盖;② 植被类型以草本为主
	F	复垦区	$X=5\ 473\ 241.02$ $Y=40\ 479\ 692.88$	① 靠近剥离区;② 场地正在恢复,有部分植被覆盖,植被类型以草本为主
	S	未复垦排土场	$X=5\ 472\ 792.780\ 35$ $Y=40\ 480\ 013.360\ 7$	剥离物堆放
	G	工业广场	$X=5\ 472\ 052.67$ $Y=40\ 479\ 062.82$	停车场,运煤车停放
	H	工业广场	$X=5\ 471\ 937.12$ $Y=40\ 481\ 305.85$	传送带,以煤炭运输为主
	I	草地	$X=5\ 477\ 966.10$ $Y=40\ 478\ 753.22$	原生场地,无采煤活动

表 6-8(续)

编号		场地类型	坐标	选择依据
2 km 缓冲区	J	工业广场	$X = 5\ 471\ 743.38$ $Y = 40\ 479\ 007.36$	矿区破碎站,用于煤炭加工
	K	复垦区	$X = 5\ 470\ 808.30$ $Y = 40\ 480\ 803.08$	东排土场已复垦区
	L	草地	$X = 5\ 472\ 543.77$ $Y = 40\ 483\ 962.56$	原生场地,附近无牧场
5 km 缓冲区	M	建设用地	$X = 5\ 468\ 527.65$ $Y = 40\ 479\ 181.01$	神华内蒙古国华呼伦贝尔发电厂
	N	草地	$X = 5\ 469\ 583.84$ $Y = 40\ 485\ 348.43$	原生场地,附近有坑塘
	O	建设用地	$X = 5\ 468\ 168.16$ $Y = 40\ 484\ 836.64$	生活居住区
8 km 缓冲区	P	砖窑厂	$X = 5\ 465\ 654.79$ $Y = 40\ 483\ 299.83$	生产砖瓦,产生大量固体垃圾
	Q	草地	$X = 5\ 463\ 956.41$ $Y = 40\ 481\ 759.96$	天然牧场,以放牧为主
	R	耕地	$X = 5\ 464\ 327.95$ $Y = 40\ 485\ 675.83$	种植蔬菜大棚

在每块场地中,选取长、宽分别为 $200\sqrt{3}$ m、100 m 的长方形,四个顶点及对角线交点为采样点。剥离每个采样点表土,取 0—20 cm 表层土样约 500 g,装入已标号的自封袋中。共计采集土壤样品 95 个。

② 土壤理化性质检测

2019 年 8 月在中国科学院南京土壤研究所进行样品检测。将采集的土壤样品进行风干、除杂、研磨等处理[图 6-10(a)],过 100 网目筛(孔径为 0.154 mm)后依次装入不同的样品袋中,标上相应序号。

土壤 pH 值:称 6 g(±0.1 g)过筛后的土壤样品放入对应标号的玻璃试管中,依次加入 15 mL 的超纯水,用玻璃棒顺时针搅拌 1 min,静置 30 min。用玻璃电极检测悬浊液 pH 值[图 6-10(b)]。

土壤重金属:称 0.2 g(±0.01 g)过筛后的土壤样品放入对应标号的消煮罐中,分别加入 5 mL 的盐酸和 5 mL 的硝酸[图 6-10(c)],放置于配套的高压罐中,并在 105 ℃烘箱中加热 6 h。然后赶酸定容至 15 mL、移液,检测 Cr、Cd、Pb、Zn、Cu、As、Ni 含量。

土壤有机质:称 0.2 g(±0.01 g)过筛后的土壤样品放入对应标号的干燥试管中,依次加入 0.8 mol/L 的 $1/6K_2Cr_2O_7$ 溶液 5 mL 及浓硫酸 5 mL,摇匀后在试管口放入玻璃漏斗,将试管放入热浴锅(170—180 ℃)至沸腾后再加热 5 min,然后移液定容至 50 mL,加入 3 滴邻菲罗啉试剂,用 0.1 mol/L 的 $FeSO_4$ 溶液滴定待测液[图 6-10(d)],根据滴定的 $FeSO_4$ 溶液体积计算土壤有机质含量。

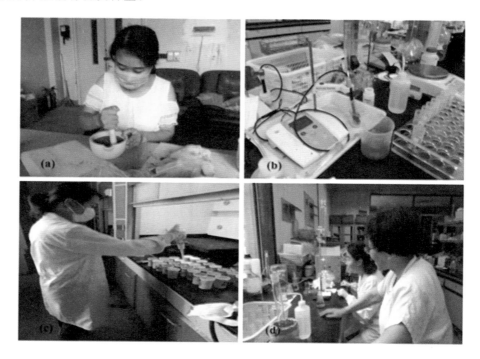

图 6-10　部分实验过程

土壤全氮:称取 100 网目风干土样 0.5—1 g 置于干燥洁净的 50 mL 三角瓶内,用滴管滴加 2—3 滴蒸馏水润湿土样后加入 5 mL H_2SO_4 和 3 滴 $HClO_4$,用小玻璃漏斗置于三角瓶上,防止 NH_3 逸出;三角瓶置于 150 ℃ 电热板低温加热 30 min 后,置于小电炉加热至溶液由黑色变为灰白色;用蒸馏水冲洗小漏斗及三角瓶内溶液及残留物置 250 mL 容量瓶中,加入硼酸测试剂后,向三角瓶内添加 4—5 mL NaOH,溶液由红变绿后即可;用 0.2 mol/L 的 HCl 滴定待测液,待测液由绿变淡红色后,记录滴定多用的 HCl 体积,计算土壤全氮含量。

土壤全磷:称 0.2 g 100 网目过筛土样放入干净小坩埚内,滴加 2—3 滴蒸馏水润湿土样后,加入 5 mL $HClO_4$ 和 5 mL HF,放入电热板 150 ℃ 低温加热 30 min,静置冷消解土样;将冷消解后土样置于电热板 270 ℃ 加热 10—20 min,待液体充分反应后进行赶酸,溶液由土色→黄色→淡黄色后,赶酸至黄豆粒大小(约 1 mL),添加 2 mL $HClO_4$ 赶尽 HF 后,赶酸至 1 mL,向小坩埚内添加 2 mL 的 1:1 浓度 HCl 去除杂质;将冷却后溶液移入 50 mL 容量瓶内,用蒸馏水冲洗干净至 50 mL,混合均匀后倒入 50 mL 塑料瓶待测;吸取 2 mL 待测溶液至 50 mL 容量瓶,加 20 mL 去离子水后加入 3 滴 2,4-二硝基酚指示剂,摇晃均匀后,用 NaOH 和 HCl 溶液进行酸碱中和至待测液呈浅黄色;取 6 个 50 mL 容量瓶,分别滴加 0 mL,1 mL,2 mL,3 mL,4 mL,5 mL 的 5×10^{-6} 标准溶液,加 20 mL 去离子水摇晃均匀后备用;向所有容量瓶中添加 5 mL 抗坏血酸钼锑溶液后摇匀,添加蒸馏水定容至 50 mL;将配好的待测液放入分光光度计中,选 0 mL 的 5×10^{-6} 标准溶液为参考,进行测试,记录其曲线浓度,计算土壤样品全磷含量。

③ 地累积指数

地累积指数(index of geoaccumulation，$I_{geo} = \log_2[C_i/(KB_n)]$)是用于定量研究大气、土壤、沉积物中重金属污染程度的指标。该指标除了考虑自然成岩作用对背景值变动的影响外，还考虑人类活动行为及地球化学对背景值的影响，具体计算公式为：

$$I_{geo} = \log_2[C_i/(KB_n)] \tag{6-32}$$

式中，C_i 为土壤中重金属元素 i 的实测含量；K 为各岩石差异可能会引起背景值变动的系数(一般取 1.5)；B_n 为内蒙古地区元素 i 的背景值[21]；I_{geo} 为地累积指数，与重金属污染水平的划分关系为：I_{geo} 小于 0 为无污染，0—1 为轻度污染，1—2 为偏中度污染，2—3 为中度污染，3—4 为偏重污染，4—5 为重污染，大于 5 为严重污染[22]。

④ 潜在生态风险指数

1980 年瑞典学者 Hakanson 提出了应用沉积学原理评价重金属污染及生态危害的指标，即潜在生态风险指数[23]。该指标除考虑重金属含量外，同时将重金属的生态效应与毒理学相结合。从重金属生物毒性的角度评价重金属潜在的生态风险，从而划分潜在生态危害程度，其结果既能够反映特定环境中单个重金属元素对环境的影响，也可以反映多种重金属污染物对环境的综合污染，其计算公式如下：

$$RI = \sum_{i=1}^{n} E_i = \sum_{i=1}^{n}(T_i \times C_f^i) = \sum_{i=1}^{n}(T_i \times C_i/C_o) \tag{6-33}$$

式中，RI 为潜在生态风险指数；E_i 为重金属元素 i 的潜在生态风险参数；C_f^i 为重金属元素 i 在某一环境中的污染系数；C_i 为土壤中重金属元素 i 的实测含量；C_o 为内蒙古地区重金属 i 的背景值[21]；T_i 为重金属 i 的毒性响应系数，Cr、Cd、Pb、Zn、Cu、As、Ni 的毒性响应系数分别为 2、30、5、1、5、10、2。E_i 的生态风险程度划分关系：$E_i < 40$ 为低生态风险，$40 \leqslant E_i < 80$ 为中等生态风险，$80 \leqslant E_i < 160$ 为较高生态风险，$160 \leqslant E_i < 320$ 为高生态风险，$E_i \geqslant 320$ 为很高生态风险。RI 值与生态风险程度划分关系：$RI < 150$ 为低生态风险，$150 \leqslant RI < 300$ 为中等生态风险，$300 \leqslant RI < 600$ 为较高生态风险，$RI \geqslant 600$ 为很高生态风险[23]。

6.2　矿区场地生态安全分析

利用宝矿评价指标体系与评价标准，对应宝矿各评价指标的具体数值，基于正态云模型，按照宝矿生态安全综合评价步骤 4 和步骤 5，根据式(6-10)和式(6-11)计算得出各生态安全等级隶属度，结果见表 6-9。

表 6-9　基于正态云模型的宝矿生态安全评价结果

层级	安全	良好	敏感	危险	恶劣
压力	0.114 8	0.121 2	0.273 5	0.224 8	0.113 4
状态	0.176 8	0.141 7	0.390 2	0.256 2	0.096 5
响应	0.070 2	0.020 5	0.331 0	0.173 2	0.350 4
合计	0.361 8	0.283 4	0.994 7	0.654 2	0.560 3

根据表6-9可知,在压力-状态-响应各部分对应的最大隶属度为0.273 5(敏感级)、0.390 2(敏感级)和0.350 4(恶劣级),说明因矿区生产生活对生态环境造成扰动后,人为生态环境响应仍不足,难以弥补生态损失。此外,宝矿综合安全值中生态安全各等级的隶属度分别是:安全级0.361 8,良好级0.283 4,敏感级0.994 7,危险级0.654 2,恶劣级0.560 3,根据最大隶属度原则,目前,宝矿生态安全处于敏感级。

根据表6-9,绘制压力-状态-响应及综合安全值对应不同安全等级状态下的分值图。由图6-11可知,总体上,宝矿危险级隶属度仅次于敏感级,说明宝矿生态安全有恶化趋势。在准则层方面:压力和状态均处于敏感级,且均有向危险级状态变化的趋势。而生态系统响应处于恶劣级,有向敏感级变化的趋势。

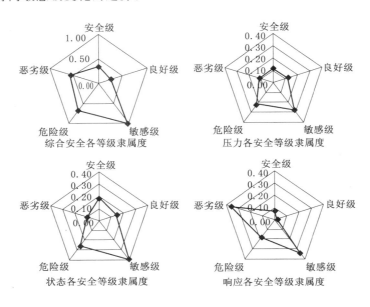

图6-11　宝矿各生态安全等级分值图

宝矿场地生态安全评价结果表明:

(1)生态安全形势严峻

宝矿生态环境总体处于敏感状态,生态环境比较脆弱。各安全级的隶属度值表明,敏感级隶属度最大,危险级次之,表明矿区生态安全有向危险级恶化的趋势。因此,在进行矿产资源开发的同时,在原有矿区生态修复基础上,仍需加强生态治理和环境保护力度,并将人为因素造成的生态破坏降到最低,改善生态环境。

(2)生态环境响应不足

从评价结果可知,宝矿生态环境系统压力、状态和人为活动响应的各等级安全值并不均衡,生态系统压力和状态在敏感等级隶属度较大,分别占各自总隶属度的32.26%和36.76%;生态系统响应在恶劣等级隶属度较大,占总隶属度的37.07%,而在安全和良好级别,对应隶属度仅占总隶属度的19.40%和7.23%。由此可知,限制宝矿生态安全水平提高的主要原因为人为响应不足。主要短板因素为:废水利用率、固废利用率、科研投资比重及环保投资比重。经计算,除全员劳动生产率隶属度最大的0.070 1位于安全级之外,废水利用率和固废利用率隶属度最大的 0.125 6 和 0.127 9 均属于恶劣级状态,科研投资比重隶属度最大的 0.169 3 位于危险级状态,而环保投资比重隶属度最大的 0.325 2 位于敏感级状态。

以上说明矿区在生态环境保护及执行力度方面仍存在不足。在后期生态保护与治理中,需要重点改善上述响应中的短板因素。一方面,增加环保资金及科研创新资金的投资力度。同时,在实际调查中发现,宝矿进行绿植人员数量远小于采矿人员数量,环保绿化人员结构不合理,使得环保工作压力大,开展较困难,此后应适当增加环保人员数量比例,提高人员文化素质。另一方面,提高废弃物改良再生技术,控制废水和废弃物的过量排放,提高利用效率,避免资源的过量消耗,尽可能地降低人为因素对生态环境的影响。

(3)生态压力、状态趋向恶化,人为响应潜力大

由图 6-11 分析可知,压力和状态均处于敏感级状态,但有向危险级变化的倾向。特别是压力方面,从各项指标来看,原煤开采量、矿坑深度及广度等对生态环境均造成了不同程度的压力。虽然,近几年,煤炭市场低迷使得煤炭产量有所降低,但作为长期基础性能源及当地支柱产业,宝矿开采煤量仍在百万吨以上,仍对矿区生态环境造成破坏,与此同时,采矿造成的表土剥离、排土场松散堆积以及土壤侵蚀又会影响矿区生态质量。

状态方面,地表植被覆盖、空气质量以及土壤肥力状态整体较不理想。首先,因矿区采矿影响,矿区内植被覆盖率为 35%,低于我国生态城市建设中高寒或草原区 70% 的林草覆盖标准。其次,大气中烟尘排放浓度较大,隶属度位于恶劣等级,严重影响矿区空气质量。在土壤肥力方面,经过取样调查,土壤全氮、全磷指标隶属度处于良好级或敏感级。众因素表明,矿区经济发展的同时,对当地土壤、空气、植被等生态要素均产生了不同程度的影响,降低了环境质量。

虽然目前宝矿人为响应对生态环境驱动不明显,但可预见的是,随着我国东部大型煤电基地生态修复进程的不断推进,宝矿作为示范区之一,在矿区水资源动态监测、土地整治、微生物联合修复、景观生态恢复等技术、方案的支持与实施下,矿区有望实现生态环境质量的提高及经济-社会-生态综合发展。

6.3 矿区场地类型与空间格局变化

2001—2019 年宝矿场地类型空间分布如图 6-12 所示。结合图 6-13 可以看出,砖窑厂、建设用地、交通运输、剥离区、工业广场、复垦区面积均呈现增加的趋势,增长率分别为 0.28%、1.54%、1.43%、2.25%、0.77%、1.73%;草地面积呈现下降趋势,面积比例由 2001 年的 73.21% 下降至 2019 年的 64.89%;耕地面积比例 2019 年下降至 20.38%;河流面积比例 2013 年增加至 3.96%,可能与 2013 年降水量增加有关,2019 年减少至 1.42%。林地面积呈现明显减少的趋势。未复垦排土场面积 2001—2013 年呈现增加的趋势,与矿区持续增加的煤炭开采量相关,2013—2019 年其面积随着矿区复垦措施的实施呈现减少的趋势。坑塘面积基本不变。露天采区面积呈现先增后减的趋势,整体呈现增加的趋势。

利用 Ucinet 6.560 软件构建复杂网络定量描述宝矿不同生命周期阶段矿区场地类型转移状况如图 6-14 所示。其中,节点表示场地类型,含箭头的线表示不同场地类型之间的转化方向,线的粗细表示转化量,网络结构图能够直观表现不同阶段场地类型之间的转化关

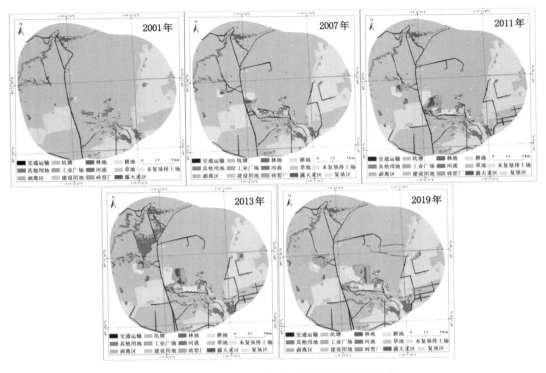

图 6-12 2001—2019 年宝矿场地类型空间分布

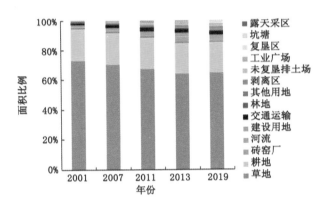

图 6-13 2001—2019 年宝矿场地类型面积比例

系。从图 6-14 中可以看出,宝矿各阶段场地类型之间转化均较为频繁,2007—2011 年,宝矿处于达产阶段,频繁转化的地类明显多于其他阶段,主要是草地、剥离区、未复垦排土场、建设用地、工业广场等,且转化量也较高。

用于表示网络中该点与其他节点的连接状况为节点的度,一般分为出度和入度。由于节点表示不同的场地类型,出度则表示该场地类型转化为其他场地类型的转出方向数,入度则表示其他场地类型转化为该类型的转入方向数。出度与入度的比值反映了场地类型的转出转入性质。若比值大于 1,说明该类型的转出方向数大于转入方向数,为转出型场地;若比值小于 1,说明该类型的转出方向数小于转入方向数,为转入型场地。由表 6-10 可知,投

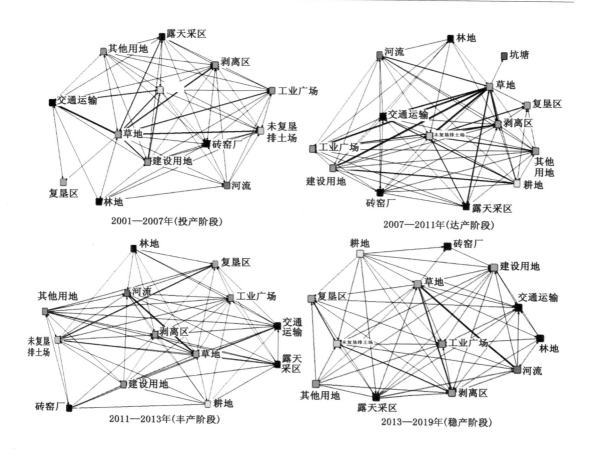

图 6-14   宝矿生命周期阶段场地类型转移矩阵网络结构图

产阶段,草地、耕地及其他用地为转出型场地,达产阶段草地、耕地、河流、林地和其他用地为转出型场地,丰产阶段草地、耕地、工业广场、未复垦排土场和其他用地为转出型场地,稳产阶段河流、林地、露天采区、未复垦排土场和其他用地为转出型场地。总体上看,宝矿在投产、达产和丰产阶段,草地和耕地以转出为主,达产阶段则露天采区、未复垦排土场场地多转化为其他各种地类。

平均路径长度作为网络的重要指标属性,用于反映其全局特征。一般来说,平均路径长度越短,两点之间的距离越近,这两点之间的关系越密切,节点间具有较好的传输性。平均路径长度及直径常用于判别网络的传输功能及效率。在场地类型转移矩阵网络结构图中,平均最短路径能够判断场地类型之间转化的稳定性。若平均路径长度小,说明两种场地类型间比较容易转化,系统具有不稳定性,若平均路径长度大,说明两种场地类型间不易转化,须通过关键地类或其他地类才能实现转化,系统较为稳定。宝矿生命周期阶段的场地类型转移矩阵网络的平均最短路径值如图 6-15 所示。相比较而言,处于达产及丰产期,宝矿的平均最短路径值相对较小,矿区场地系统稳定性较差,2013 年以后,宝矿场地类型之间转化相对不显著,系统趋于较好的方向发展,较为稳定。

表 6-10 不同阶段转移矩阵网络节点的度

场地类型	2001—2007 年			2007—2011 年			2011—2013 年			2013—2019 年		
	出度	入度	出度/入度	出度	入度	出度/入度	出度	入度	出度/入度	出度	入度	出度/入度
剥离区	0.38	1.98	0.19	1.14	3.79	0.30	2.39	5.60	0.43	3.82	7.68	0.50
草地	13.57	0.30	45.23	14.75	1.23	11.99	19.18	0.42	45.67	9.35	12.99	0.72
复垦区	0	0.39	0	0	0.73	0	0.03	2.16	0.01	0.03	5.50	0.01
耕地	1.58	1.02	1.55	2.11	0.16	13.19	1.73	0.03	57.67	0.35	0	—
工业广场	0.11	1.51	0.07	0.65	2.75	0.24	1.09	0.87	1.25	0.66	1.25	0.53
河流	0.16	0.38	0.42	0.74	0.63	1.18	0.17	13.81	0.01	13.08	0.29	45.10
建设用地	0.07	2.13	0.03	0.24	3.91	0.06	0.10	1.14	0.09	0.14	1.11	0.13
交通运输	0.01	4.53	0	0.66	2.19	0.30	0.36	0.83	0.43	0.16	0.86	0.19
林地	0.10	0.16	0.63	0.27	0.05	5.40	0.20	0	—	0.17	0.16	1.06
露天采区	0.10	0.77	0.13	0.78	1.77	0.44	1.57	2.13	0.74	2.34	1.37	1.71
其他用地	0.57	0.07	8.14	0.56	0.44	1.27	0.25	0.07	3.57	0.08	0.06	1.33
未复垦排土场	0.06	2.88	0.02	0.85	4.62	0.18	2.33	2.10	1.11	4.19	3.12	1.34
砖窑厂	0.09	0.68	0.13	0.01	0.44	0.02	0.01	0.25	0.04	0	0.19	0
坑塘	0	0	—	0	0.05	0	0	0	—	0	0	—

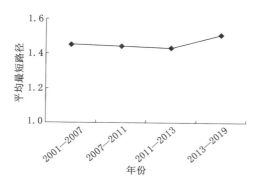

图 6-15　宝矿不同阶段转移矩阵网络的平均最短路径

6.4　矿区场地土壤质量实验研究

6.4.1　土壤 pH 值与有机质

表 6-11 为宝矿土壤 pH 值及有机质含量。每块采样地土壤 pH 值及有机质含量为 5 个采样点的平均值。矿区规划边界内土壤 pH 值均大于 7,呈现弱碱性。根据 1979 年全国第二次土壤普查养分分级标准,土壤有机质含量分六级,一级最高、六级最低。普查结果显示,陈巴尔虎旗土壤为黑钙土,土壤有机质含量为 57.3 g/kg,属于一级(>40 g/kg)[24]。表 6-11 显示,宝矿 72.53% 样地土壤中有机质含量属于二级(30—40 g/kg),24.35% 样地属三级(20—30 g/kg),3.12% 样地属四级(10—20 g/kg),有机质含量低于全国第二次土壤普查的结果,呈现下降的趋势。

表 6-11　矿区采样地土壤 pH 值及有机质含量

编号	pH 值	有机质含量/(g/kg)	编号	pH 值	有机质含量/(g/kg)
A	7.89	31.98	J	7.55	35.65
B	8.25	22.01	K	7.54	25.63
C	7.97	20.81	L	6.62	34.14
D	7.79	33.64	M	8.01	17.98
E	8.17	33.59	N	7.61	37.31
F	7.93	33.11	O	7.69	31.31
S	7.99	37.94	P	8.05	24.44
G	8.02	21.33	Q	6.29	26.16
H	7.87	35.29	R	6.31	38.66
I	7.18	35.42			

6.4.2　土壤重金属

采用内蒙古自治区土壤背景值及国家土壤环境质量标准(GB 15618—2018)对矿区土

壤重金属含量特征进行分析(表6-12)。每块采样地土壤中各种重金属含量为5个采样点的平均值。总体上看,宝矿土壤中重金属含量均低于国家土壤环境质量标准中相应的重金属含量。与内蒙古土壤背景值相比,矿区规划范围内及其缓冲区土壤中Pb含量均未超标,Cr、Cd、As、Ni均超标,部分场地土壤中Zn、Cu超标(图6-16)。土壤中Cr、Ni含量的空间差异性较为明显,Cd、Pb、Zn、Cu、As含量具有较小的空间差异。

表 6-12 土壤重金属含量参考值   单位:mg/kg

标准	Cr	Cd	Pb	Zn	Cu	As	Ni
土壤背景值[21]	36.5	0.037	15	48.6	12.9	6.3	15.3
土壤环境质量标准[25]	250	0.6	170	300	100	25	190

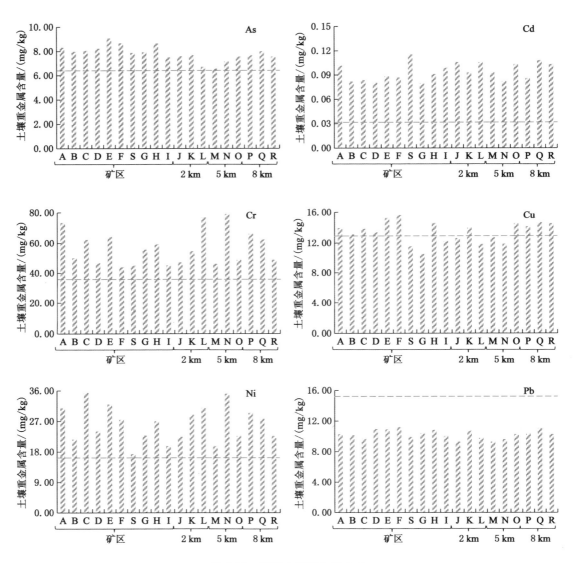

图 6-16 宝矿土壤重金属含量

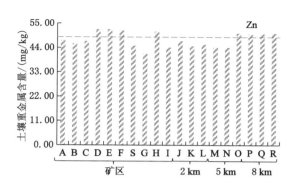

图 6-16 （续）

6.5 矿区地表生态响应趋势

6.5.1 场地生态质量评价

（1）矿区场地生态质量

2001—2019 年宝矿区场地构成、空间格局及生态功能如图 6-17 所示。场地结构方面,矿区规划范围内随着具有消极影响的露天采区、剥离区、未复垦排土场等场地类型的增加,场地结构复杂化程度增加,矿区生态系统受人类干扰程度明显增强,尤其 2007—2011 年场地构成的分值在 0—0.2 范围的面积显著增加。矿区规划范围外,北部场地结构无明显变化,西部变化较大,可能与东明矿的开采有关,东部区域以耕地为主,随着交通用地消极斑块的增加,对区域生态的负面影响逐渐增强,矿区南部以建设用地为主,人类的生产生活活动加剧了区域场地结构的变化。空间格局方面,矿区规划范围内采矿活动加剧引起斑块数量增加,破碎化程度提高,空间格局指数逐渐降低。生态功能方面,2001—2019 年矿区规划范围内外生态功能分值为 0.8—1 的区域显著扩大,表明矿区生态功能逐渐增强。

2001—2019 年宝矿矿区场地生态质量变化趋势如图 6-18 所示。统计矿区规划边界内外不同生态分值单元数量见表 6-13。矿区规划范围内,2001—2007 年生态分值在 0.6—0.8 之间的单元数量减少,生态状态呈下降趋势,2007—2011 年生态质量分值≤0.4 的单元数量明显增加,生态状况明显下降,2011—2019 年生态质量分值≤0.4 的单元数量呈现减少趋势,生态状况趋于好转。矿区规划范围外,2001—2007 年生态分值在 0.6—0.8 之间的单元数量增加,生态状况发展趋势较好,2007—2011 年生态质量分值在 0.2—0.4 之间的单元数量增加,生态状况呈现下降趋势,2011—2019 年生态质量分值在 0.8—1 之间的单元数量显著增加,生态状况趋于好转。

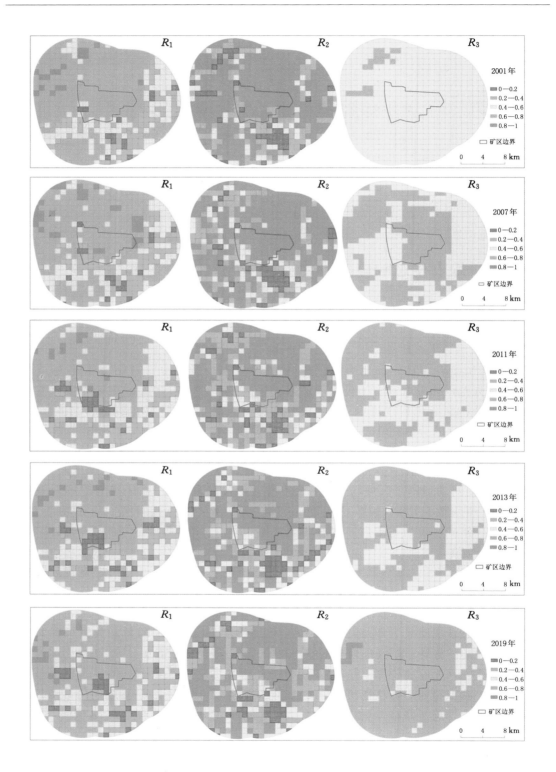

图 6-17　生态质量指标

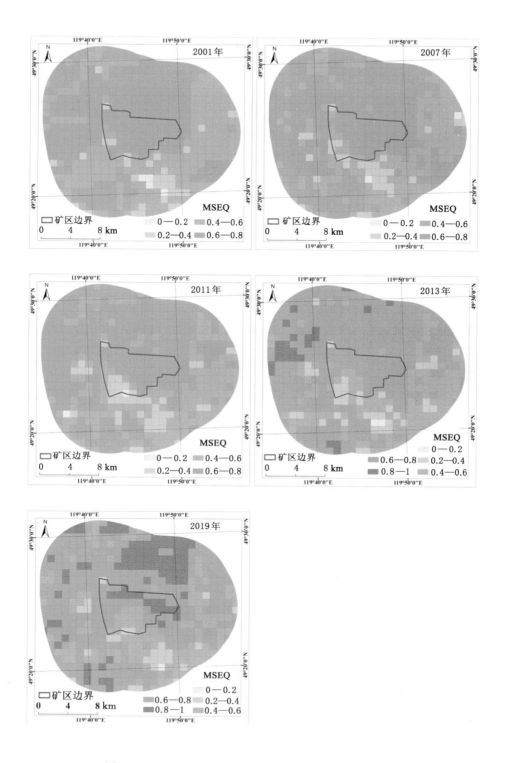

图 6-18　2001—2019 年宝矿矿区场地生态质量变化趋势

表 6-13　宝矿规划边界内外场地生态质量单元数量统计

分值	2001 年		2007 年		2011 年		2013 年		2019 年	
	边界内	边界外	边界内	边界外	边界内	边界外	边界内	边界外	边界内	边界外
0—0.2	0	4	0	2	1	1	0	2	0	2
0.2—0.4	5	32	6	30	10	36	8	34	4	23
0.4—0.6	10	203	14	158	10	161	11	119	15	117
0.6—0.8	52	243	47	292	46	284	48	301	35	254
0.8—1	0	0	0	0	0	0	0	26	13	86

（2）矿区场地生态质量时空演变分析

分析宝矿不同生命周期阶段的场地生态质量变化见图 6-19。统计不同变化趋势单元数量如表 6-14 所示。矿区规划范围内，投产阶段（2001—2007 年）超过一半单元生态质量分值呈现显著增长趋势，生态状况趋于良好；达产阶段（2007—2011 年）生态质量分值呈现下降趋势的单元数量明显增加，生态状况有所恶化；丰产阶段（2011—2013 年）生态质量分值呈现增长的单元数量显著增加，生态状况呈现较好的发展趋势；稳产阶段（2013—2019 年）生态状况轻微恶化。矿区规划范围外生态质量变化趋势与范围内变化趋势基本一致。

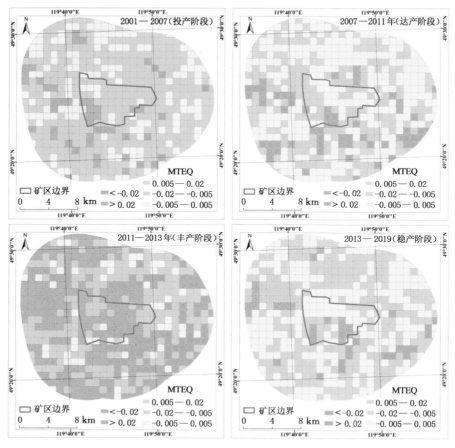

图 6-19　不同生命周期阶段宝矿矿区场地生态质量变化

表 6-14 宝矿规划边界内外场地生态质量变化单元数量统计

变化趋势	2001—2007 年		2007—2011 年		2011—2013 年		2013—2019 年	
	边界内	边界外	边界内	边界外	边界内	边界外	边界内	边界外
极显著下降	6	11	6	37	6	42	7	13
显著下降	7	45	18	90	1	28	12	76
基本不变	11	179	27	245	6	54	34	219
显著上升	40	218	15	92	20	157	11	159
极显著上升	3	29	1	18	34	201	3	15

（3）人类扰动与矿区场地生态质量变化关系分析

分析不同生命周期阶段宝矿矿区场地类型演变与生态质量变化的关系如图 6-20 所示。总体上看,矿区场地地类变化区域与生态质量变化区域在空间分布上具有一致性。处于上升期,矿区规划范围内草地多转化为剥离区、未复垦排土场、工业广场等,生态质量严重下降,矿区规划范围外南部地区,工业广场、交通用地的增加,导致生态质量降低,西部地区生态质量受东明煤矿的开采呈现下降趋势。处于达产期,矿区规划范围内外生态质量明显下降,矿区规划范围内,煤炭开采量的增长使剥离区、露天采区的面积明显增加,生态质量受影响面积逐渐增大。矿区范围内南部,由于未复垦排土场面积的增加,生态质量受明显影响。处于丰产期,除场地类型变化较显著区域外,矿区生态质量有所提高,生态质量降低区域集中在开采区。处于稳产期时,矿区规划范围内生态质量相对于丰产期,呈现下降趋势,部分地区由于场地复垦生态质量有所恢复,但持续的、较大的开采量对矿区生态产生负面影响。

（4）场地地表生态影响范围

依据场地类型尺度效应分析可知,1 km 范围内场地类型特征无显著变化,因此,以 1 km 为间隔分别对宝矿做缓冲带,结合 MSEQ 的最大值、最小值、平均值 3 个指标,分析矿区场地与周围区域生态质量的相关性,确定矿区场地类型演变对其周围区域生态质量的影响。从表 6-15 中可以看出,矿区与周围 8 km 范围内的 MSEQ 最大值具有显著的相关性,2 km 范围内 MSEQ 最小值相关性显著,4 km 范围内 MSEQ 均值相关性显著。比较得出,矿区周围 2 km 范围内各指标相关性显著,因此,可以得出宝矿周围 2 km 范围内场地生态质量受矿区活动影响明显。

表 6-15 矿区与缓冲区 MSEQ 相关性分析

缓冲带	最大值	最小值	均值	缓冲带	最大值	最小值	均值
1 km	0.981**	0.983**	0.934*	5 km	0.961*	−0.547	0.874
2 km	0.955*	0.940*	0.927*	6 km	0.967**	0.572	0.864
3 km	0.934*	0.501	0.897*	7km	0.946*	0.095	0.881*
4 km	0.931*	0.041	0.883*	8 km	0.933*	−0.007	0.844

注:** 和 * 分别代表 0.01 和 0.05 水平的显著性。

6.5.2 土壤生态风险评估

（1）土壤重金属累积程度

图 6-21 显示了宝矿土壤中重金属的地累积指数。土壤中 Cu、As 的地累积指数均小于

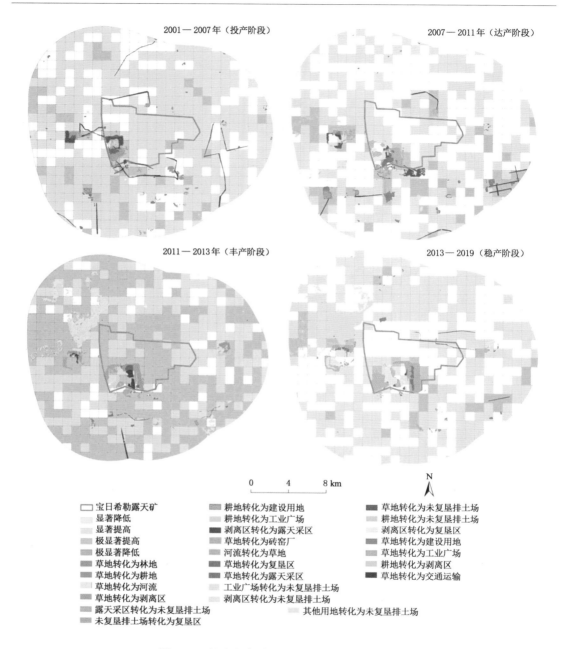

图 6-20　场地生态质量与地类转化的空间分布

0,Cr 的地累积指数多集中在 1—2 范围内,Cd 的地累积指数多分布在 0—1 范围内,Pb 的地累积指数多集中在 0—1 范围内,Zn 的地累积指数多分布在 1—2 范围内,Ni 的地累积指数多集中在 0—1 范围内。结合地累积指数分级标准可以看出,重金属 Cu、As 未对宝矿土壤造成污染,土壤中 Cd、Pb、Ni 出现轻度污染,土壤中重金属 Cr、Zn 出现偏中度污染。空间分布上,矿区规划范围内与缓冲区土壤中 Cr、Cd、Pb、Cu、As、Ni 的累积程度无明显差异,Zn 在 2 km、5 km 缓冲区累积不明显,在矿区规划范围内及 8 km 缓冲区有较明显的累积。

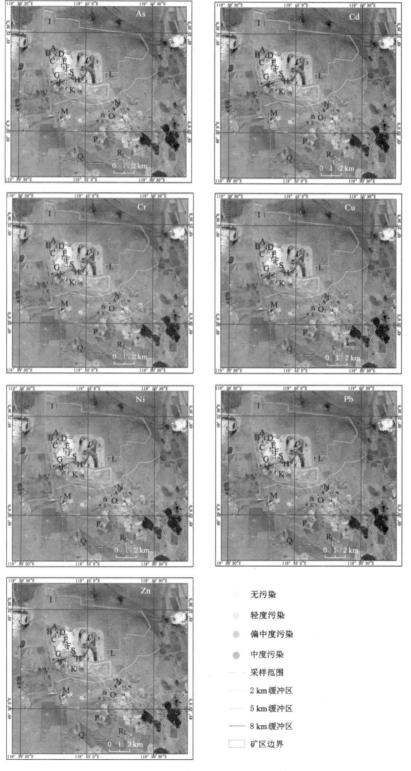

图 6-21　土壤重金属地累积指数

（2）土壤重金属综合生态风险

图 6-22 显示了各种重金属造成的生态风险及所有重金属引起的综合生态风险。宝矿土壤中 Cr、Pb、Zn、Cu、As、Ni 的潜在生态风险指数相均小于 40，说明土壤中这 6 种重金属处于低等生态风险水平，Cd 的潜在生态风险指数在 40—80 和 80—160 范围内，说明土壤中重金属 Cd 处于中等和较高的生态风险水平。总体上看，宝矿土壤重金属综合潜在风险指数小于 150，处于低生态风险水平。宝矿矿区规划范围内（除复垦区外）土壤中重金属综合潜在生态指数较高，距离矿区规划范围越远，指数越小。土壤中重金属 Cd 是重要的潜在生态风险元素，需要加强监测。

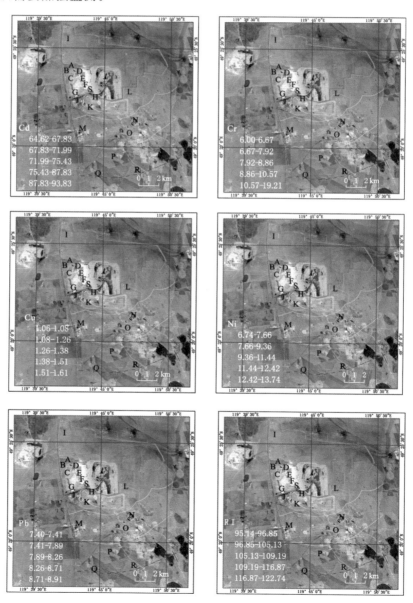

图 6-22　土壤重金属潜在生态风险指数

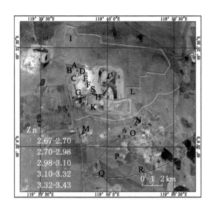

图 6-22 （续）

（3）重金属来源识别

土壤中各种重金属量及其相互间的比率在一定区域内具有相对稳定性。当污染物具有相同来源时,重金属之间具有显著相关性。因此,可以通过相关性分析探究土壤重金属的来源。表 6-16 显示矿区规划范围内土壤中 Cr、Cd、Ni 与其他重金属无显著相关关系,Pb 与 Zn、Cu、As 具有显著相关性($p<0.01$),Zn 与 Cu、As 相关性显著($p<0.01$),Cu 与 As 彼此具有显著相关性($p<0.01$),且 7 种重金属与土壤 pH 值、有机质(SOM)无显著的相关性,由此可以初步推断,矿区规划范围内土壤中 Pb、Zn、Cu、As 变化趋势基本一致,且具有相同的来源,极可能来源于宝矿煤炭开采。表 6-17 显示 2 km 缓冲区土壤中 Cr 与 Ni 相关性较为显著($p<0.05$),Cd 与 Zn 彼此之间相关性显著($p<0.01$),Pb、Zn、Cu、As 之间相关性显著,表明这些重金属存在同源性,结合图 6-9 可以看出,2 km 缓冲区地类中重金属可能来源于工业广场、未复垦排土场。表 6-18 显示 5 km 缓冲区土壤中 Cd、Pb、Zn、Cu 之间相关性显著,Cd、Zn 受土壤 pH 值影响明显($p<0.05$),土壤中这些重金属元素可能来源于电厂、居住等建设用地,同时受土壤理化性质影响。表 6-19 显示 8 km 缓冲区土壤中 Cd 与 Pb、Pb 与 Zn、Zn 与 Cu、Cu 与 As 彼此之间相关性显著,且这 7 种重金属与土壤 pH 值、有机质之间具有显著相关性,区域以建设用地、耕地、草地为主,距矿区较远,重金属可能来源于砖窑厂,同时受土壤理化性质影响较大。

表 6-16 矿区规划范围内土壤中重金属相关性分析

元素	Cr	Cd	Pb	Zn	Cu	As	Ni	pH 值	SOM
Cr	1	0.126	0.178	0.205	0.456	0.180	0.280	0.079	0.051
Cd		1	0.044	0.083	0.069	0.120	−0.095	−0.286	0.343*
Pb			1	0.912**	0.813**	0.808**	0.196	0.182	0.149
Zn				1	0.890**	0.871**	0.260	0.323	0.169
Cu					1	0.870**	0.477	0.450	0.049
As						1	0.281	0.476	0.021
Ni							1	0.313	−0.224

注:** 和 * 分别代表 0.01 和 0.05 水平的显著性。

表 6-17　2 km 缓冲区土壤中重金属相关性分析

元素	Cr	Cd	Pb	Zn	Cu	As	Ni	pH 值	SOM
Cr	1	0.136	0.494	0.403	0.376	0.350	0.570*	−0.147	0.283
Cd		1	0.489	0.735**	0.446	0.396	0.367	−0.393	0.131
Pb			1	0.896**	0.949**	0.938**	0.707	−0.017	0.068
Zn				1	0.892*	0.886*	0.713	−0.022	0.045
Cu					1	0.966**	0.750	0.221	0.179
As						1	0.638	0.256	0.124
Ni							1	0.029	0.1

注：** 和 * 分别代表 0.01 和 0.05 水平的显著性。

表 6-18　5 km 缓冲区土壤中重金属相关性分析

元素	Cr	Cd	Pb	Zn	Cu	As	Ni	pH 值	SOM
Cr	1	0.608	0.589	0.556	0.460	0.317	0.530	0.314	−0.109
Cd		1	0.819**	0.824**	0.782*	0.611	0.358	0.532*	0.372
Pb			1	0.974**	0.902**	0.917**	0.079	0.407	0.506
Zn				1	0.955**	0.921**	0.088	0.383	0.571
Cu					1	0.919**	0.096	0.250	0.417
As						1	0.137**	0.277	0.455*
Ni							1	0.049	0.041

注：** 和 * 分别代表 0.01 和 0.05 水平的显著性。

表 6-19　8 km 缓冲区土壤中重金属相关性分析

元素	Cr	Cd	Pb	Zn	Cu	As	Ni	pH 值	SOM
Cr	1	0.040	0.313	0.403	0.362	0.148	0.225	0.483*	0.338
Cd		1	0.840**	0.784	0.725	0.575	0.056	0.127	0.556**
Pb			1	0.959*	0.921	0.744	0.155	0.005	0.298**
Zn				1	0.926*	0.632	0.162	0.263	0.083
Cu					1	0.753*	0.448	0.047**	0.071
As						1	0.503	0.378*	0.230
Ni							1	0.246*	0.178**

注：** 和 * 分别代表 0.01 和 0.05 水平的显著性。

　　由以上分析可知,矿区规划范围及 2 km 缓冲区受土壤理化性质影响较小,受人类活动影响明显。采用最大方差旋转方法对土壤中 7 种重金属含量进行主成分分析,结果如表 6-20 所示。结合初始特征值得出,前 2 个主成分的累积方差贡献率为 77.304%,可以用来解释接近 80% 的总方差。旋转后提取的 2 个主成分特征根均大于 1,土壤中重金属元素可以提取为 2 个主成分,累积方差贡献率为 77.304%。

表 6-20　土壤重金属含量的主成分方差贡献

主成分	初始特征值			提取平方和载入			旋转平方和载入		
	合计	方差/%	累积方差/%	合计	方差/%	累积方差/%	合计	方差/%	累积方差/%
1	4.067	57.798	57.798	4.046	57.798	57.798	3.580	51.140	51.140
2	1.015	19.506	77.304	1.015	19.506	77.304	1.481	26.164	77.304
3	0.969	12.844	90.148						
4	0.679	7.000	97.148						
5	0.156	1.236	98.384						
6	0.091	1.006	99.390						
7	0.043	0.610	100						

依据各主成分旋转载荷矩阵可以看出,第一主成分反映 Cd、Pb、Zn、Cu、As 的组成信息,贡献率为 51.140%;第二主成分反映 Cr、Ni 的信息,贡献率为 26.164%(表 6-21)。

表 6-21　土壤重金属含量的主成分分析结果

	Cr	Cd	Pb	Zn	Cu	As	Ni
第一主成分	0.001	0.262	0.933	0.943	0.870	0.931	0.357
第二主成分	0.904	0.022	0.157	0.184	0.444	0.173	0.614

主成分分析因子载荷图反映了土壤重金属元素主成分 1 和主成分 2 的得分情况(图 6-23)。Cd、Pb、Zn、Cu、As 之间距离较近,即矿区规划范围及 2 km 缓冲区内土壤中这些重金属具有共同的来源,Cr、Ni 与其他重金属相距较远,来源不同。

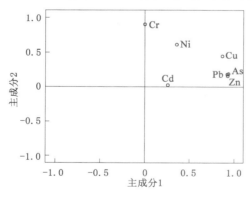

图 6-23　土壤重金属主成分分析因子载荷

6.6　矿区地表生态影响范围划定

场地生态质量评价结果显示,矿区周围 2 km 缓冲区范围内场地生态受矿区影响较大,土壤生态风险评估显示,矿区东南部 2 km 缓冲区土壤中重金属具有相同的来源,因此,可推断矿区东南部 0—2 km 缓冲区范围内地表生态受采矿影响较大,是宝矿的主要影响范围,而2—5 km缓冲区土壤重金属可能来源于电厂,电厂的煤炭主要来源宝矿,是可能影响的范围(图6-24)。

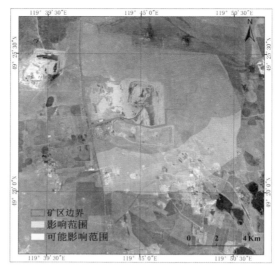

图 6-24　宝矿地表生态影响范围

6.7　矿区生态响应策略

6.7.1　煤矿生命周期与生态可恢复性

采矿活动产生的生态效应多以负面为主,导致矿区原始生态系统逐渐演变为受损生态系统。生态系统受损以后,若不及时治理,在现有的开采规模及开采强度下,将会演变成不可逆的生态系统。生态系统受损之后的退化演变包括渐变型和突变型。渐变型退化是人类活动对生态系统的干扰破坏超过其自我修复能力,干扰破坏过程呈现渐进性、平稳性。突发型退化是过度强烈和频繁的人类活动导致生态系统在短时间内演变到较严重的阶段。然而,人类及时、合理的干预治理可实现生态系统的正向演替,即生态系统的修复/重建。这种修复和重建可以是被破坏轨迹的复位,也可以是新的结构构建,形成的后果有可能实现原始生态系统的结构与功能的完全恢复与半恢复,也可能是建立新的稳定生态系统。

煤矿的发展初期,矿区生态系统多处于初始阶段,原始生态系统受人类活动影响较小,煤矿的加速发展及稳定发展阶段,生态问题突显,生态系统受损严重,若及时采取生态修复,可实现受损生态系统的正向演替,或减缓生态系统的逆向演替,若不采取任何措施,在现有的经济技术条件下,生态系统会继续退化或退至极端的生态系统。煤矿的发展衰退及闭矿阶段,若以生态修复为主,经济发展为辅,则矿区生态系统继续得到恢复,若直至闭矿后,减少或取消相关生态修复措施,则矿区生态问题会持续、扩散,引起闭矿后的区域生态问题。

6.7.2　宝矿地表生态响应策略

（1）全生命周期的矿区生态"动态修复"

"动态修复"策略是贯穿煤矿生命周期全阶段(规划、建设、投产、达产、丰产、稳产等阶段)同步进行的矿区生态修复工作,同时依据生产的变化能够及时调整改变恢复治理规划。宝矿矿区规划建设后植被呈现波动变化趋势,同时生态质量空间变化结果显示煤矿生命周期各阶段矿区场地均存在生态问题,因此,生态修复措施应开始于矿区规划建设直至闭矿。土地复垦是露天矿生态恢复的重要途径,传统的矿区复垦常在闭矿后才实施,"边采边排"的采-排-复一体化技术注重复垦的时效性。依据矿产资源的赋存条件,采-排-复一体化技术分为"条带开采-内排-复垦一体化技术"和"分期开采-外排-复垦一体化技术"两类[26]。宝矿可根据矿区规划选择其中一种技术(图 6-25)。

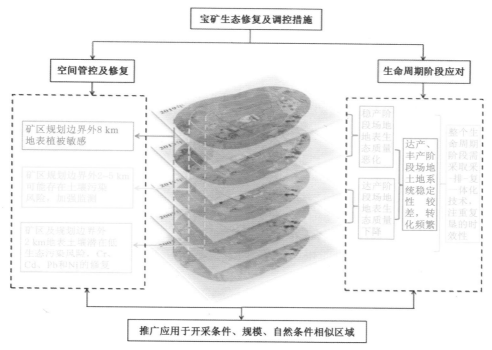

图 6-25 宝矿生态修复方案

(2)分阶段、分区域的矿区生态重点治理

宝矿矿区地表生态质量具有明显的时空差异性。时间方面,不同生命阶段矿区生态受影响程度不同。就目前而言,宝矿发展处于稳定阶段,但生态质量明显低于丰产阶段,需要重视该阶段的生态问题。空间方面,宝矿规划范围内及周围地区生态质量明显降低,应适当减少人类负面扰动,如排土场及时复垦、排土场边坡整形、减少工业广场范围,提高利用率,同时采取相关措施进行修复,尤其是矿区东南部区域土壤质量的改善。宝矿规划范围内应加强对土壤中 Cr、Cd、Pb、Zn 和 Ni 的修复,对于复垦区,适当调整植被种类,选取经济适宜的植被如紫花苜蓿、披碱草、落叶松、胡枝子等进行种植修复[27-30];对于未复垦的排土场首先进行复垦,再进行重金属含量检测,选取适宜的修复植被。矿区东南部 2 km 范围内加强对土壤中 Cr、Cd、Pb 和 Ni 的修复,可选择种植紫花苜蓿、披碱草等草本植物。

(3)构建矿区生态的弹性应对模式

生态学领域,弹性主要包括工程弹性、生态弹性和社会弹性。工程弹性强调基础设施系统快速而有效地从自然和人为破坏中恢复的能力及在工程建设、土地利用等方面具有可调节性战略;生态弹性体现生态系统更新、重组和不断发展的能力及恢复速度,其评估必须建立在生态系统与人类系统相互作用的基础上;社会弹性强调以社会各主体应对经济、生态等多方面因素对社会的破坏和使其具有从根本上进行转变的综合能力。宝矿处于稳定发展阶段,在保证煤炭产量不变的情况下减少开采成本、降低生态破坏是持续发展的重点。政府应从经济、社会、生态等相关政策方面对矿区进行宏观调控,企业应寻求绿色开采技术,以高产能、低污染进行矿区基础设施的工程改造与建设,科研机构应对矿区生态安全进行持续监测评估,三者相互沟通,形成"政府-企业-科研"相结合的弹性调控模式。

参考文献

[1] WANG J W,ZHANG Y S,WANG T,et al. Effect of modified fly ash injection on As,Se,and Pb emissions in coal-fired power plant[J]. Chemical Engineering Journal,2020,380:122561.

[2] HUA C Y,ZHOU G Z,YIN X,et al. Assessment of heavy metal in coal gangue: distribution, leaching characteristic and potential ecological risk [J]. Environmental Science and Pollution Research International,2018,25(32): 32321-32331.

[3] 杨晓刚,胡冰,庄洋,等.呼伦贝尔露天煤矿堆土场外围牧场土壤的重金属污染评价[J].贵州农业科学,2016,44(9):152-156.

[4] 潘登.基于复杂网络的苏州市土地利用/覆被变化研究[D].金华:浙江师范大学,2014.

[5] ZHANG M,WANG J M,FENG Y. Temporal and spatial change of land use in a large-scale opencast coal mine area:a complex network approach[J]. Land Use Policy,2019,86:375-386.

[6] 高明美,孙涛,赵天燕,等.正态云模型在皖江地区土地生态安全评价中的应用[J].湖南农业大学学报(自然科学版),2015,41(2):196-201.

[7] 李德毅,杜鹢.不确定性人工智能[M].北京:国防工业出版社,2005.

[8] 胡建华,习智琴,周科平.深部采空区尺寸效应的危险度正态云辨识模型[J].中国安全科学学报,2016,26(10):70-75.

[9] 周云哲,粟晓玲.基于指标规范化的正态云模型的水安全评价[J].华北水利水电大学学报(自然科学版),2017,38(4):18-24.

[10] 刘健,杨仲江,杨虎,等.基于正态云模型的布达拉宫雷电灾害风险评估[J].中国安全生产科学技术,2016,12(6):100-104.

[11] 邸凯昌,李德毅,李德仁.云理论及其在空间数据发掘和知识发现中的应用[J].中国图象图形学报,1999,4(11):930-935.

[12] 魏光辉,马亮.基于正态云模型的区域水资源承载力评价[J].节水灌溉,2015(1):68-71.

[13] 周启刚,张晓媛,王兆林.基于正态云模型的三峡库区土地利用生态风险评价[J].农业工程学报,2014,30(23):289-297.

［14］WALZ R. Development of environmental indicator systems：experiences from Germany［J］. Environmental Management，2000，25（6）：613-623.

［15］毕安平，朱鹤健. 基于 PSR 模型的水土流失区生态经济系统耦合研究：以朱溪河流域为例［J］. 中国生态农业学报，2013，21（8）：1023-1030.

［16］CHI Y，ZHANG Z W，GAO J H，et al. Evaluating landscape ecological sensitivity of an estuarine island based on landscape pattern across temporal and spatial scales［J］. Ecological Indicators，2019，101：221-237.

［17］田静毅. 秦皇岛市生态环境信息图谱模型及生态安全研究［D］. 长春：吉林大学，2007.

［18］LI X，LI X B，WANG H，et al. Spatiotemporal assessment of ecological security in a typical steppe ecoregion in Inner Mongolia ［J］. Polish Journal of Environmental Studies，2018，27（4）：1601-1617.

［19］XIAO W，LV X J，ZHAO Y L，et al. Ecological resilience assessment of an arid coal mining area using index of entropy and linear weighted analysis：a case study of Shendong Coalfield，China［J］. Ecological Indicators，2020，109：105843.

［20］常小燕，李新举，万红，等. 采煤塌陷区景观格局尺度效应及变化特征分析［J］. 煤炭学报，2019，44（S1）：231-242.

［21］中国环境监测总站. 中国土壤元素背景值［M］. 北京：中国环境科学出版社，1990.

［22］BENHADDYA M L，BOUKHELKHAL A，HALIS Y，et al. Human health risks associated with metals from urban soil and road dust in an oilfield area of southeastern Algeria ［J］. Archives of Environmental Contamination and Toxicology，2016，70（3）：556-571.

［23］HAKANSON L. An ecological risk index for aquatic pollution control. a sedimentological approach［J］. Water Research，1980，14（8）：975-1001.

［24］中国科学院南京土壤研究所. 土壤科学数据库［DB/OL］.［2021-07-12］. http：//vdb3. soil. csdb. cn/extend/jsp/introduction.

［25］生态环境部土壤环境管理司，科技标准司. 土壤环境质量 农用地土壤污染风险管控标准（试行）：GB 15618—2018［S］. 北京：中国标准出版社，2018.

［26］栗嘉彬. 露天矿采-排-复一体化应用技术及效果评价研究［D］. 徐州：中国矿业大学，2017.

［27］王新，贾永锋. 紫花苜蓿对土壤重金属富集及污染修复的潜力［J］. 土壤通报，2009，40（4）：932-935.

［28］赵玉红，敬久旺，王向涛，等. 藏中矿区先锋植物重金属积累特征及耐性研究［J］. 草地学报，2016，24（3）：598-603.

［29］王新，贾永锋. 杨树、落叶松对土壤重金属的吸收及修复研究［J］. 生态环境，2007，16（2）：432-436.

［30］张海波，于军，赵晓光，等. 3 种绿化树种对土壤重金属铅的分布与迁移的影响［J］. 防护林科技，2016（6）：44.

7 干旱半干旱草原矿区生态累积风险与分区管控

生态风险评价和管控是矿产开采区域生态修复的决策基础,开展矿区生态风险研究,既是区域生态风险研究热点趋势,也是我国矿区可持续发展的现实需求[1,2]。矿区主要受到自然和人为干扰,风险源分为自然气象灾害和地质灾害及人类活动中的采矿活动、牧业活动、工业生产等,通过直接物理作用、侵蚀作用、水文循环、能量循环,影响矿区地质地貌、土壤、植被、大气、水环境、动物生态受体,最终导致矿区生态系统功能退化与生态环境问题[3-5]。从风险来源和风险受体角度分析矿区生态风险,有利于及时采取应对措施减缓矿区生态风险的累积趋势,促进煤炭开采与草原生态的协调发展[6-8]。

7.1 草原矿区生态累积影响程度

7.1.1 自然灾害危害度

干旱危害度基于高程和水文条件的差异,以宝日希勒矿区为研究区,其东北部干旱可能性高,中部及北部干旱可能性较高,南部干旱可能性较小。各种土地利用类型对水资源的依赖程度不同,在农业发展中,耕地对水资源的需求大。宝日希勒矿区耕地大片集中分布在东部,东部地势较低是汇水区,干旱风险较小。位于东北部的耕地,地势较高汇水量少,干旱风险大,如图7-1所示。草地对水的依赖性较大,特别是对于干旱区,有水的地方就有草。宝日希勒矿区中部草地集中分布,但汇水面积小、干旱风险较大,三大露天矿位于研究区中部,对干旱不太敏感。南部地势低,汇水面积大,分布着大量城镇建设用地及未利用地,南部干旱风险影响度较小。

从时间上看,1997年宝日希勒矿区内三大露天矿还未开采,草地和耕地为主要地类,这两种地类对水资源的依赖性大,因此受干旱风险的影响较大。随着采矿活动和城镇化发展,中、南部干旱风险区域有小范围减小趋势,但大部分干旱风险较大的区域仍位于北部草原、耕地。

7.1.2 采矿活动的累积程度

风险对生态系统的影响程度不仅取决于风险源的危险度,还与周围不同生态系统对风险的阻碍作用有关[9],如土地沙化的风险源遇到林地、草地这类生态系统类型明显比遇到裸地的生态阻力大,因此裸地暴露于土地沙化的风险大,产生风险的影响大。扩散耗费模型可用于表示风险源单元扩散到其他生态系统单元过程所需的耗费代价,耗费系数反映了风险潜在趋势,值越大,土地损毁累积程度越大,生态风险越高[10]。

1997年宝日希勒矿区内三大露天矿均未开采,将1997年宝日希勒矿区作为无土地损毁影响处理,计算得到2007—2019年矿区土地损毁风险累积程度,如图7-2所示。露天矿开采区和排土场附近区域的土地损毁最严重,越靠近这些区域,损毁影响越大,可将其作为

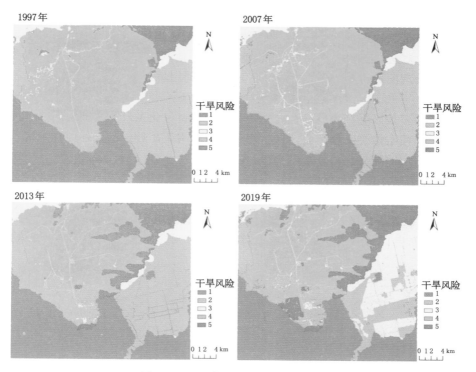

图 7-1　宝日希勒矿区干旱危害程度

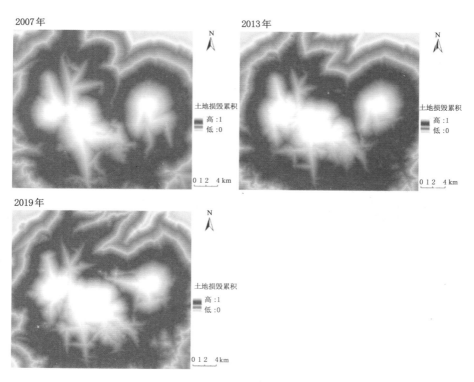

图 7-2　宝日希勒矿区土地损毁风险累积

研究区产生土地损毁的风险源,并向外辐射。道路和城镇建设用地为不透水面,土地损毁影响沿着道路呈条带状辐射,靠近矿区的城镇建设用地土地损毁累积影响值较大。北部大面积草地距离矿坑越远,土地损毁累积影响也就越弱,草地产生了较好的阻隔效应。因此,在复垦区域可以合理配置耕草的比例与分布区域,充分利用耕地、草地对土地损毁累积的阻隔效应。

工业生产大多是以煤炭为原材料展开的,包括发电厂、化工厂、砖瓦厂等。发电厂、化工厂均属于原料依赖型传统工业产业,因此,均布局在离露天矿较近的交通便捷地区。砖瓦厂与上述企业相比,具有规模小、分布广、数量多的特点。

参照《环境影响评价技术导则 大气环境》(HJ 2.2—2018)及相关研究结果[10],火力发电厂对大气影响范围确定为 10 km,砖瓦厂对距离厂址 1 km 范围内区域影响大,化工厂周围 1.2 km 不得设置居民区,因此,本书安全缓冲区设置为电厂 10 km,化工厂 1.2 km,砖瓦厂 1 km。通过对电厂、化工厂及砖瓦厂设置缓冲区,并对影响半径不同的缓冲区分级,得到1997—2019 年工业生产危害度(图 7-3)。

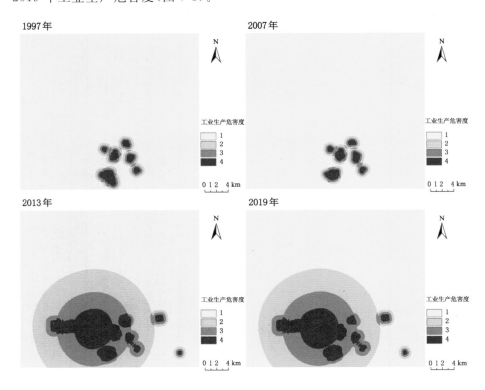

图 7-3　1997—2019 年工业生产危害度

1—4 代表工业生产危害度程度值,值越大,危害程度越大。宝日希勒矿区工业生产危害度"南大北小",与工业布局紧密相关,矿区内工业大多为原材料依赖型工业,其运转需要大量的原材料,所以靠近露天矿可以为企业减少成本。三大化工厂及国华电厂均分布于南部,砖瓦厂也密集分布在研究区南部,这是由矿产开采的位置决定的。1997—2007 年,研究区内发电厂和三大化工厂均还未建设投产,工业生产危害度主要来自砖瓦厂;2009 年后,研究区内环境影响大的工业开始建设生产,2013—2019 年,研究区受到电厂、化工厂及砖瓦厂工业生产危害,同时,电厂和化工厂对环境影响范围远远大于砖瓦厂,工厂大气污染也遵循距离效应,距离工厂越近,污染影响越大,危害度越大。

7.1.3 牧业活动的影响程度

相关研究表明,内蒙古草原退化的主要原因是过度放牧[11],土地荒漠指数可用来表征草地退化程度。土地荒漠指数越小,草地退化程度越大,放牧带来的影响度就越大,采用草原土地荒漠化程度表征放牧活动的影响程度[12]。《天然草原等级评定技术规范》(NY/T 1579—2007)规定,将草地土地荒漠化程度分为非荒漠化、轻度荒漠化、中度荒漠化、重度荒漠化、极重度荒漠化 5 个级别,对应放牧影响度 1、2、3、4、5 级别,危害度依次赋值为 0.1、0.3、0.5、0.7、1,如图 7-4 所示。

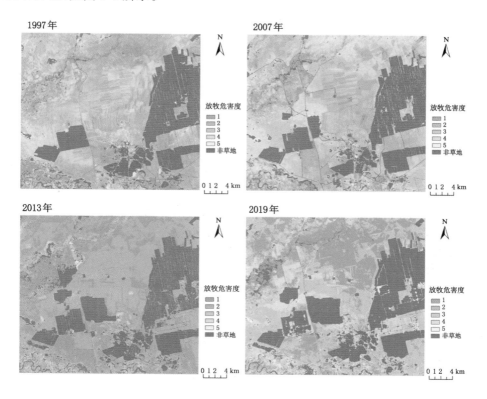

图 7-4　1997—2019 年宝日希勒矿区放牧影响度

荒漠化程度北低南高,靠近耕地、采矿用地、城镇建设用地的土地荒漠化程度较高,放牧活动的影响大,靠近河流的土地荒漠化程度低,放牧活动的影响小。计算得到研究区 1997—2019 年放牧活动的影响度各级面积比重(表 7-1)。根据表 7-1 可知,草地非荒漠化比重逐渐增加,剧烈荒漠化草地比重减小。

表 7-1　1997—2019 年宝日希勒矿区放牧影响度各级面积比重

	1	2	3	4	5
1997 年	9.02%	33.78%	38.37%	17.38%	1.45%
2007 年	6.00%	26.02%	42.22%	24.55%	1.21%
2013 年	29.87%	58.33%	9.51%	2.04%	0.25%
2019 年	30.42%	48.48%	18.27%	2.71%	0.12%

7.1.4　矿业-牧业-城镇危害度权重叠加

城镇化带来了经济发展,同时也产生了许多的生态问题,城镇建设用地压占了草地、湿地、水域等生态用地,土地保水保土能力下降,水土流失加重,植被减少,导致生态环境质量下降。由图 7-5 可知,宝日希勒矿区城镇化强度南大北小,城镇发展南边优于北边,这是由南边区位条件所决定的,南边聚集了煤炭型产业,基础设施便利,交通较发达,同时靠近河流,水源较充足,促进城镇发展。1997—2019 年城镇面积增加,但增长缓慢,这与宝日希勒矿区所处的大区域有关。

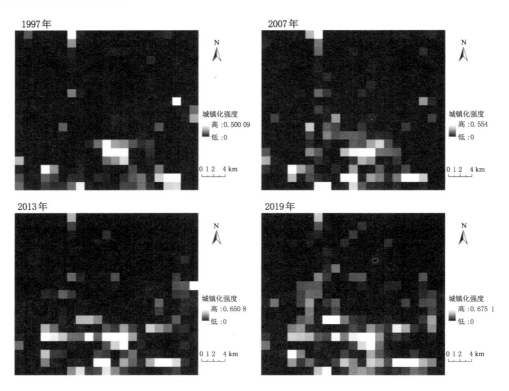

图 7-5　1997—2019 年宝日希勒矿区城镇化强度

按干旱、采矿活动、牧业活动影响程度的权重叠加得到 1997—2019 年矿区生态风险危害度,如图 7-6 所示。1997—2019 年矿区生态累积影响程度逐渐增大,1997—2019 年最大值分别为 0.634 4、0.639 5、0.694 4、0.677 6。将危害度分成 5 级,等级越大,生态风险危害就越大。1 级危害度 1997 年所占比例最大,这是因为矿区内采矿活动、工业活动中的重污染企业还未开展,此时,矿区最大危害是砖瓦厂的空气污染危害和自然干旱危害。2007—2019 年随着矿区采矿、化工、电厂生产逐步开展,3、4、5 级危害度面积逐渐增加,5 级危害度从 2007 年的 2.50%增加到 2013 年的 16.47%,2019 年减少到 11.21%。2007—2019 年 4、5 级危害度集中布局在南部的工厂及中部的露天矿坑区域,这些区域人为干扰剧烈,1、2 级危害度主要分布在矿区西北、东北部,区域内主要为自然草地、水域,人为扰动小,危害度小。

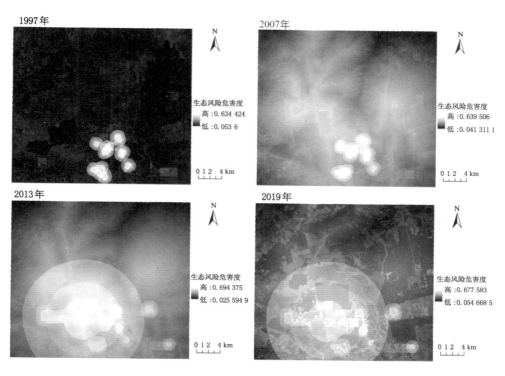

图 7-6　1997—2019 年宝日希勒矿区生态风险危害度

7.2　草原矿区生态风险易损度

7.2.1　单因素评价

矿区生态损失度评价通过生态系统脆弱度及生态重要性进行评价。生态脆弱度是量化生态系统本身的脆弱程度,其值的大小反映生态系统抵抗外来胁迫能力大小,值越大,生态系统越脆弱,风险源对其影响越大,也最容易产生生态问题[13]。相反,脆弱度越小,生态系统抵御风险的能力越强。本书选择裸土指数、湿度指数、土壤侵蚀模数表征生态脆弱度。生态重要性是指对生态系统具有重要作用的要素指标,可以反映生态系统结构的健康程度,本书在前人研究的基础上,选取生态服务价值、景观损失度等度量生态重要性。

（1）裸土指数

裸土指数是反映裸土的遥感指数，其值位于[−1,1]之间，值越大，植被覆盖越少，生态环境越脆弱，抵御生态风险的能力较弱[14]。由图7-7可知，宝日希勒矿区南部裸土指数值大于北部，东部大于西部，这是由于城镇化建设主要集中于南部，不透水地表面积大，东部耕地轮作，部分耕地无植被覆盖，裸土指数较高。露天矿随着采矿活动的开展，剥离土壤，出现了较大面积的裸土，裸土指数较大。

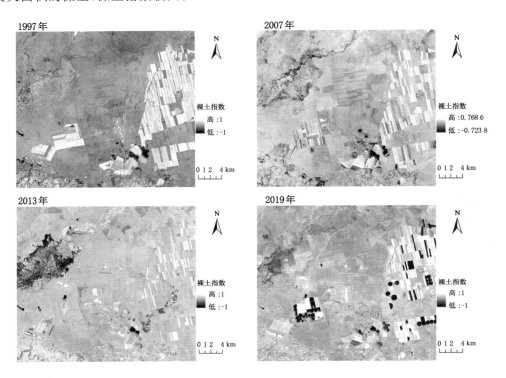

图7-7　1997—2019年宝日希勒矿区裸土指数

（2）湿度指数

湿度指数反映地面水分条件，尤其是土壤湿度状况，其值在[−1,1]之间，湿度指数越大表示土壤含水量越多[15]。由图7-8可知，宝日希勒矿区水体湿度指数较大，其次为靠近河流的草地，裸土、建设用地、采矿用地湿度指数值小。同时，2013年降雨量较大，宝日希勒矿区整体湿度指数较大。在干旱半干旱地区，湿度越大，其应对环境变化的能力越大，脆弱性较小。

（3）土壤侵蚀模数

土壤是维持矿区生态系统稳定的重要条件，土壤不稳定会导致生态系统脆弱，土壤侵蚀程度可以反映矿区土地稳定性[16]。参考《土壤侵蚀分类分级标准》（SL 190—2007）、第一次全国水利普查结果《内蒙古自治区水土保持情况公告》及内蒙古坝口子水土保持试验站多年观测资料数据，宝日希勒矿区为东北部草原区，水土流失类型为风水复合侵蚀区，容许土壤流失量为200 t/(km² · a)，本书借助ArcGIS10.2软件，叠加地形、植被覆盖、土地利用类型计算研究区土壤侵蚀模数。土壤侵蚀度大的区域，生态系统脆弱，生态易损度大。

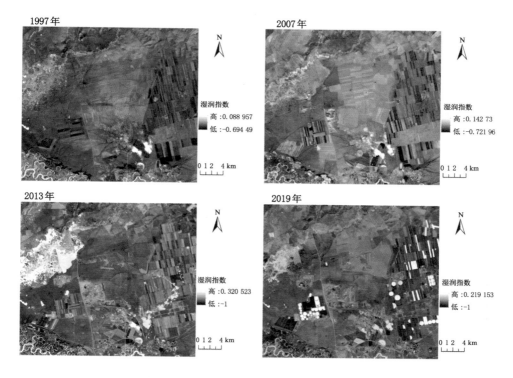

图 7-8　1997—2019 年宝日希勒矿区湿度指数

　　根据土壤侵蚀模数,划分土壤侵蚀程度。0—900 t/(km² · a),为微度侵蚀;＞900—1 600 t/(km² · a),为轻度侵蚀;＞1 600—3 500 t/(km² · a),为中度侵蚀;＞3 500—6 500 t/(km² · a),为强烈侵蚀;＞6 500—9 900 t/(km² · a),为极强烈侵蚀;＞9 900—13 500 t/(km² · a),为剧烈侵蚀。

　　空间上,宝日希勒矿区北部、东部、南部土壤侵蚀模数较大,西北部土壤侵蚀模数较小,如图 7-9 所示。耕地、采矿用地、城镇建设用地、道路土地利用类型土壤侵蚀模数较大,草地土壤侵蚀模数较小,采矿用地土壤侵蚀模数随着采掘场、排土场、工业广场的变化而变化,露天矿建设区水土流失成因复杂,除受水文、土壤和原有地形地貌等因素影响外,还受各项施工建设场地、施工工艺和施工进度等因素影响。通过现场调查、勘测估算排土场的水蚀量,由于排土场平台面积大,在排弃过程中平台整平不够,加之没有排水系统,平台部分径流随自然坡道汇流,经边坡排出,导致边坡在自身坡面径流基础上加上平台汇集下来的径流,水蚀加重。

　　1997—2019 年,研究区土壤侵蚀度主要为微度侵蚀,均占总面积的 55％以上;其次为轻度侵蚀,1997 年、2007 年、2013 年、2019 年分别约占总面积的 23.82％、26.68％、23.77％、23.82％;中度、强度侵蚀面积占比较小,波动趋势减小;剧烈侵蚀面积占比小,1997—2019年均小于 0.5％,但有增大趋势,应加大对剧烈侵蚀区域的水土保持,防止区域生态系统演变为不可逆的退化生态系统,如表 7-2 所示。

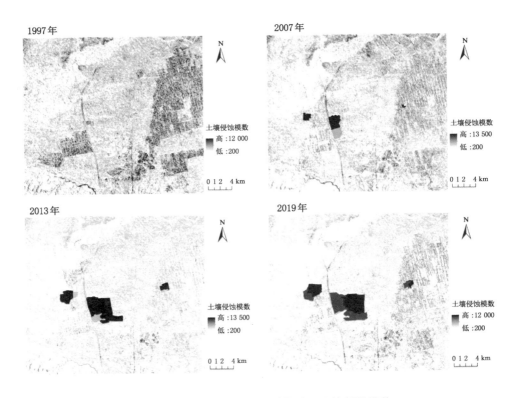

图 7-9　1997—2019 年宝日希勒矿区土壤侵蚀模数

表 7-2　1997—2019 年宝日希勒矿区侵蚀强度等级面积与百分比

侵蚀类型	1997		2007		2013		2019	
	面积/hm²	比例/%	面积/hm²	比例/%	面积/hm²	比例/%	面积/hm²	比例/%
微度侵蚀	56 056.59	65.58%	47 173.59	55.20%	61 988.31	72.51%	57 604.23	67.48%
轻度侵蚀	20 364.03	23.82%	22 805.82	26.69%	20 320.74	23.77%	20 331.36	23.82%
中度侵蚀	8 829.18	10.33%	14 573.52	17.05%	943.56	1.11%	5 789.70	6.78%
强度侵蚀	216.63	0.26%	319.41	0.37%	1 010.61	1.18%	63.99	0.07%
极强度侵蚀	9.27	0.01%	164.43	0.19%	897.12	1.05%	1 192.14	1.40%
剧烈侵蚀	2.43	0.00%	426.96	0.50%	325.35	0.38%	383.67	0.45%

（4）生态系统服务价值

生态系统服务价值的计算以 1 hm² 面积农田生态系统粮食生产的净利润作为一个标准当量。生态系统服务价值是生态系统对生命维持产生的直接或间接供给、调节服务的生态系统价值，其目的是满足人类生活需要，提高人类福祉。生态系统服务价值损失可作为生态风险对人类福祉影响的重要评价指标[17,18]。计算得到宝日希勒矿区 1997—2019 年的生态系统服务价值，如图 7-10 所示。宝日希勒矿区在特定的生态系统格局上起到水土保持、防风固沙等生态功能的维持，生态系统格局破坏增大了生态风险，表现为生态系统服务价值下降。宝日希勒矿区整体生态系统服务价值较高，西部和南部河流流经区域价值最高，东部及南部生态系统服务价值较低。

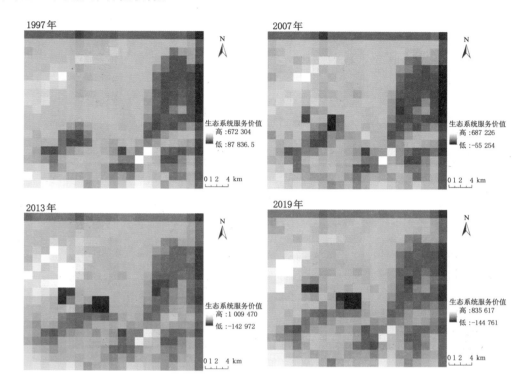

图 7-10　1997—2019 年宝日希勒矿区生态系统服务价值

（5）景观损失度

景观损失度可高度反映人类活动对生态环境的影响，景观损失度越高，生态环境越脆弱，生态风险越大[19,20]。宝日希勒矿区景观损失度"北小南大"，如图 7-11 所示。1997—2019 年景观损失变大，这与城镇化发展、工业生产、矿产资源开发等人类活动密切相关。北部草地人类影响较小，大面积保持原始状态，景观损失较小。

7.2.2　生态风险损失度综合评价

基于裸土指数、湿度指数、土壤侵蚀模数、生态系统服务价值、景观损失度计算结果，采用层次分析法获得易损度因子权重，叠加分析得到矿区 1997 年、2007 年、2013 年、2019 年生态风险易损度，如图 7-12 所示。1997—2019 年年度最大易损度分别为 0.708 3、0.740 2、0.702 2、0.681 0。2007—2019 年生态风险易损度最大值均分布在露天矿及周边区域。2007 年易损度最大，说明露天矿区及周边生态系统脆弱易损，2013 年、2019 年易损度最大值下降，表明露天矿区内生态系统状况逐渐好转，矿区土地复垦改善了生态环境，未来应不断改进复垦技术，提高复垦效率，减小区域生态损失度，提高生态系统自我恢复能力，改善生态环境。

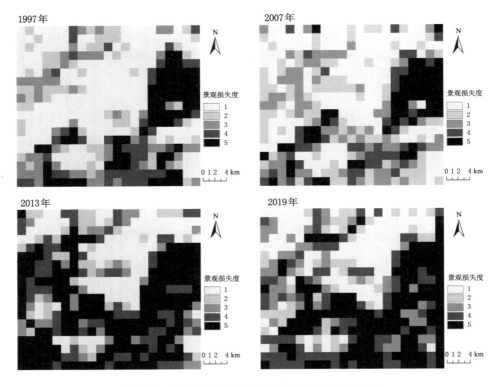

图 7-11　1997—2019 年宝日希勒矿区景观损失度

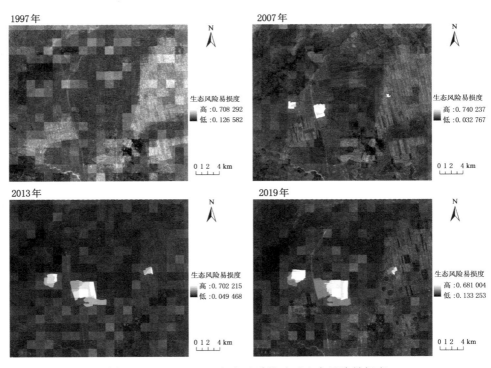

图 7-12　1997—2019 年宝日希勒矿区生态风险易损度

7.3　1997—2019 年栅格尺度综合生态风险评价

借助 ArcGIS10.2 软件空间分析工具,基于生态累积影响程度、生态易损度等权重分析得出矿区生态风险值,如图 7-13 所示。综合生态风险是矿区危害度和损失度的综合表征,可全面反映区域的生态风险,完善生态风险因果链。

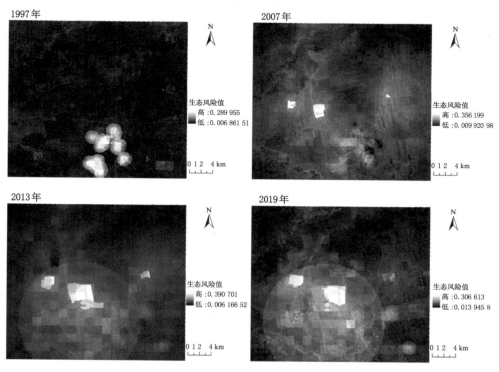

图 7-13　1997V2019 年栅格尺度宝日希勒矿区综合生态风险

宝日希勒矿区生态风险中南部高、西北低,这与研究区露天矿、工业、城镇等布局有关。中南部是城镇发展的主要区域,人为扰动剧烈,抵抗风险能力弱,面对外界环境威胁,不能对抗其扰动,破坏生态系统,造成生态系统退化。西北、正北属于原始草地地类,生态系统稳定,能够更好地维持生态系统组成、功能、结构。区域露天矿边界范围内,生态风险值高,这是由于产煤量大,对生态系统造成的直接破坏面积大。在露天矿内,生态风险值剥离区>未复垦区>采坑区>煤堆区>工业广场>已复垦区。剥离区直接破坏地貌、土壤、植被等,造成生态系统破坏,生态风险大;未复垦区大量松散的岩石碎石堆积,压占原草地,改变原地貌,破坏原景观类型,生态系统不稳定,生态风险大;采坑区坡度大、原煤易露出、烟尘重,生态风险较大;煤堆堆放地易造成水源污染、植被破坏,生态风险较大;工业广场压占原始草地,破坏植被,但工业广场一旦形成,生态系统不易变化,生态风险中等;已复垦区经过边坡稳定、景观重建、生物多样性重组等,生态系统改善,生态风险较小。

1997 年生态风险高值区域主要分布在南部砖瓦厂聚集区。2007—2019 年生态风险高值区域集中分布在露天矿及周边地区。1997—2019 年生态风险呈增大趋势,其中 1997—

2013 年生态风险逐渐增大,变化趋势与矿区产量一致,如图 7-14 所示。1997 年区域露天矿均未开始生产,生态风险最小;2007 年研究区煤矿产量逐渐增加,生态风险增大;2013 年区域露天矿产量达到最大值,生态风险也达到最大;2019 年煤炭产量减少,生态风险值减小。

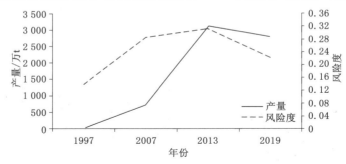

图 7-14　宝日希勒矿区生态风险值与煤炭产量变化趋势

7.4　矿区生态风险时空差异

选择 1 500 m×1 500 m 作为评价单元,通过 ArcGIS10.2 平台的空间分析,计算每个评价单元的生态风险值,如图 7-15 所示。2007—2019 年生态风险值南高北低,高值区域主要为露天矿及工业用地附近,人为扰动大,生态风险大。北部多为草地,生态系统结构、功能稳定,面对自然环境和人为活动带来的不利影响时,抵抗风险的能力大,能够实现自我恢复。

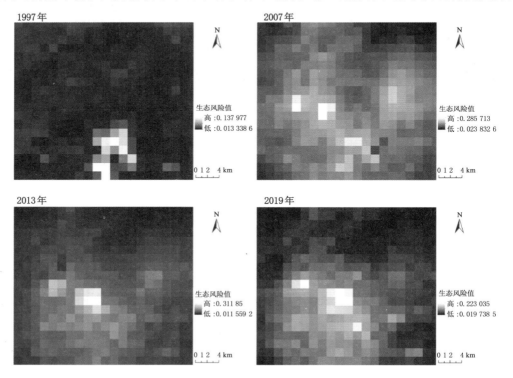

图 7-15　1997—2019 年评价单元尺度综合生态风险

以 2013 年生态风险值等级划分阈值为基础,风险值<0.051 23 划分为 1 级;0.051 223≤风险值<0.079 371 为 2 级;0.079 371≤风险值<0.113 123 为 3 级;0.113 123≤风险值<0.166 549 为 4 级;风险值≥0.166 549 为 5 级。等级越高,生态风险越大。1997 年以 1、2 级风险为主,3、4 级风险主要集中于研究区南部。2007 年大部分区域生态风险等级为 3 级,1、2 级生态风险分布在研究区西北和东北部,4、5 级分布在中部、东部,集中于露天矿、城镇、工厂区域。2013 年,1、2 级生态风险面积大,3 级生态风险面积次之,4、5 级生态风险集中于研究区中部、南部。2019 年 1、2 级生态风险自北向南扩张,3、4、5 级生态风险集中于中部(图 7-16)。

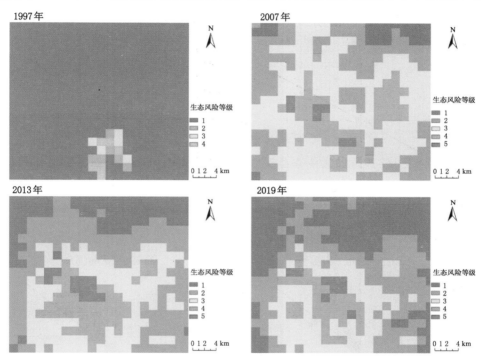

图 7-16　1997—2019 年宝日希勒矿区生态风险等级

由表 7-3 可知,1997—2019 年研究区 1 级生态风险面积占比先减后增,2007 年减少到 5.59%,2019 年增加到 34.20%;2 级生态风险逐渐增加,2019 年开始小幅度减少;3 级生态风险先增后减,2007 年达到最大值 48.19%;4 级生态风险先增后减,从 1997 年 1.57%增加到 2007 年 14.99%,2019 年又减少到 9.75%;5 级生态风险由 1997 年的 0 增加到 2013 年的 3.16%,2019 年又下降为 2.38%,总体呈下降趋势。

表 7-3　1997—2019 宝日希勒矿区各类生态风险等级占比

		1	2	3	4	5
	1997	95.53%	1.59%	1.32%	1.57%	0
	2007	5.59%	29.41%	48.19%	14.99%	1.82%
	2013	18.73%	34.62%	29.03%	14.46%	3.16%
	2019	34.20%	29.79%	23.88%	9.75%	2.38%

将生态风险值作为权重,构建空间权重矩阵,利用 GeoDA 空间分析工具生成 Moran's I 散点图,如图 7-17 所示。1997—2019 年空间自相关 Moran's I 分别为 0.558 377、0.729 239、0.778 55、0.801 67,均大于 0.5,说明宝日希勒矿区生态风险空间分布呈显著正相关趋势,即风险值高的区域周边评价单元内风险值高,风险值低的区域周边评价单元风险值低。从年际变化看,Moran's I 随年份增加而增加,说明生态风险空间聚集现象增强,趋同性增强。生态风险高值区域对周边影响增大,反之亦然。因此,为减小区域生态风险,应注重对高风险区的治理,减少高风险区对周边区域的影响。

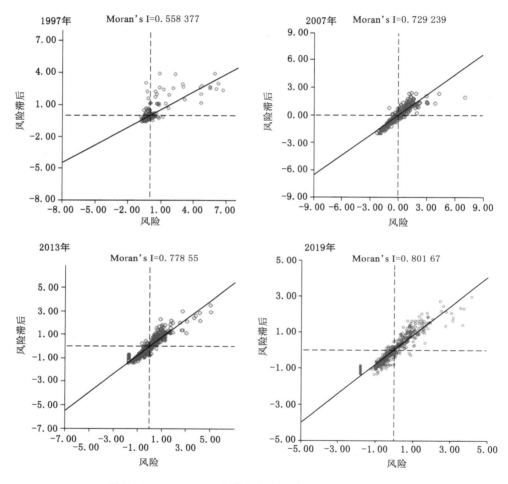

图 7-17　1997—2019 年综合生态风险 Moran's I 散点分布

7.5　基于地理探测器的矿区生态风险分区管控

7.5.1　地理探测器原理

地理探测器用于探测空间分异性,可探究地理空间分区因素和风险关系。和传统的统计学方法相比,地理探测器不用提前设定过多条件,可运用于分析相关的社会、经济、自然影响因子。分异因子、因子交互作用、风险区、生态是地理探测器的四个功能。分异因子探测是为解释某一个因子对属性的影响大小,因子交互作用探测旨在识别不同因子之间的交互作用,风险区探测是判断评价单元间属性均值的显著差别,生态探测主要是比较两个因子对属性空间分布的影响差异[21,22]。本书主要运用分异因子探测和因子交互作用探测来分析因子对生态风险属性的影响,为生态风险分区管控提供技术支撑。分异因子探测具体计算公式为:

$$q = 1 - \frac{\sum\limits_{n=1}^{m} N_n \sigma_n^2}{N\sigma^2} \tag{7-1}$$

式中,n 为变量 Y 或因子的分层,即评价单元,$n=1,2,\cdots,m$;N_n 和 N 分别为因子层 n 和全区的单元数;σ_n^2 和 σ^2 分别代表因子层 n 和全区 Y 值的方差。q 值在 0—1 之间,值越大,分层因子 X 对属性 Y 的影响越强;值越小,分层因子 X 对属性 Y 的影响不明显。本书 X 分别代表危害度的表征因子和损失度的表征因子,Y 为生态风险值。

因子交互作用探测是识别两个影响因子对属性 Y 的作用关系。即因子 X_1 和 X_2 对属性 Y 的影响为 $q(X_1)$ 和 $q(X_2)$,再叠加 X_1 和 X_2,计算叠加后($X_1 \bigcap X_2$)对属性 Y 的影响为 $q(X_1 \bigcap X_2)$,比较 $q(X_1)$、$q(X_2)$ 及 $q(X_1 \bigcap X_2)$,得到如下关系:

$q(X_1 \bigcap X_2) < \min\{q(X_1), q(X_2)\}$,因子 X_1 和 X_2 非线性减弱;$\min\{q(X_1), q(X_2)\} < q(X_1 \bigcap X_2) < \max\{q(X_1), q(X_2)\}$,因子 X_1 和 X_2 单因子非线性减弱;$q(X_1 \bigcap X_2) > \max\{q(X_1), q(X_2)\}$,因子 X_1 和 X_2 均增强;$q(X_1 \bigcap X_2) = q(X_1) + q(X_2)$,此时因子 X_1 和 X_2 相互独立;$q(X_1 \bigcap X_2) > q(X_1) + q(X_2)$,因子 X_1 和 X_2 非线性增强。

以 2019 年为管控年份,探测分区后风险的主要影响因子,包括危害度中的因子,即干旱危害度(X_1)、放牧危害度(X_2)、土地损毁(X_3)、工业生产(X_4)、城镇扩张(X_5)及易损度表征因子,即裸土指数(X_6)、湿度指数(X_7)、土壤侵蚀模数(X_8)、生态系统服务价值(X_9)、景观损失度(X_{10}),重分类为 5 类与生态风险分级(Y)相对应。

7.5.2　生态风险分区及驱动力

(1)生态风险分区

依托 2019 年宝日希勒矿区生态风险结果,将综合生态 1 级风险认定为低风险,2、3、4、5 级风险认定为高风险,分别求取全区生态累积影响、生态风险损失均值,通过比较评价单元的生态累积影响程度、生态风险易损度与研究区各自均值大小,划分为高危害/低危害、高损失/低损失。按照高低组合特征进行分区划分,得到 8 种风险组合类型,即低风险-低危害-低损失、低风险-低危害-高损失、低风险-高危害-低损失、低风险-高危害-高损失、高风险-低危害-低损失、高风险-低危害-高损失、高风险-高危害-低损失、高风险-高危害-高损失,如图 7-18 所示。

通过分析构成生态风险等级的因子差异,组合风险因子结构,划分主导因子进而有针对性地为实现风险分区管控提供指导。将综合生态风险、生态累积影响程度、风险易损度作为基础,开展风险分区管控并提出相应降险措施。针对风险源影响度,从源头抑制、减小风险的发生,而风险受体易损度则需要保护生态系统本身的稳定性,提高生态系统应对外界胁迫的恢复力。

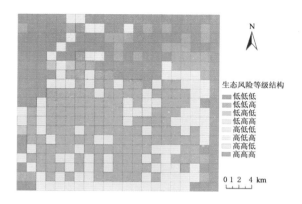

图 7-18　生态风险结构分类

　　基于主导因子法将生态风险等级结构中高风险-高危害-低易损单元中的风险管控以危害性防范为主,为风险监测预警区;高风险-低危害-高损失单元中的风险管控以易损性治理为主,为生态保护修复区;高风险-高危害-高易损单元中的风险管控为预警保护兼顾区,强调危害性-易损性的综合管控;对于低危险、低易损的高风险区,以及 163 个低风险单元,因主导因子不明显,可作为风险管控冷点,能够依靠生态系统自我恢复能力抵抗风险,为自然适应调控区。如图 7-19 所示,矿区主要为自然适应调控区及预警保护兼顾区,风险监测主要为预警保护兼顾区周围,生态保护修复区位于风险监测区附近生态较脆弱区域。

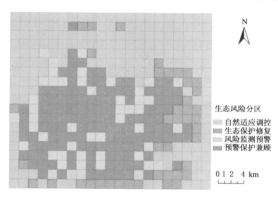

图 7-19　宝日希勒矿区生态风险分区

　　(2) 生态风险驱动力

　　基于分区结果,利用地理探测器,探测各区域生态风险主要驱动因子,有针对性提出风险管控措施。地理探测器根据每个评价单元的综合风险值、累积影响值、易损值进行分区,不同分区分别探测主要生态风险因子,进而确定治理措施。由表 7-4 可知,自然适应调控区生态累积影响度中干旱影响度(0.493 9)及易损度中湿度指数(0.407 0)是主要驱动因子;预警保护兼顾区生态累积影响度及易损度中因子影响力最大的是土地损毁(0.621 9)和土壤侵蚀模数(0.260 3);风险监测预警区生态累积影响度及易损度的主要影响因子分别是土地损毁(0.631 8)和裸土指数(0.232 2);生态保护修复区主要驱动因子为干旱影响度(0.654 3)和土壤侵蚀模数(0.385 4)。因此,不同区域生态风险管控应有针对性开展。

表 7-4　各分区生态风险因子影响力探测结果

	自然适应调控区	预警保护兼顾区	风险监测预警区	生态保护修复区
干旱影响度(X_1)	0.493 9	0.222 7	0.021 6	0.654 3
放牧影响度(X_2)	0.320 6	0.163 9	0.014 3	0.065 4
土地损毁(X_3)	0.403 0	0.621 9	0.631 8	0.274 7
工业生产(X_4)	0.319 7	0.611 6	0.093 9	0.238 5
城镇扩张(X_5)	0.146 4	0.186 4	0.273 1	0.220 9
裸土指数(X_6)	0.335 7	0.215 8	0.232 2	0.253 6
湿度指数(X_7)	0.407 0	0.048 2	0.169 0	0.063 9
土壤侵蚀模数(X_8)	0.329 2	0.260 3	0.133 7	0.385 4
生态系统服务价值(X_9)	0.146 4	0.084 5	0.114 5	0.178 2
景观损失度(X_{10})	0.036 7	0.040 1	0.058 6	0.069 5

（3）生态累积影响因子的影响作用

探测生态风险危害度的交互作用结果如表 7-5 所示。土地损毁、城镇扩张、工业生产、放牧危害及干旱危害 5 个因子均会增加生态风险，共有两种情况，一种为互相增强，一种为非线性增强。除了城镇扩张和放牧危害属于非线性增强外，其他 3 个危害因子都是互相增强，因此对于生态风险的危害度，除了城镇扩张和放牧危害外，任意两个因子相叠加都会导致生态风险的增大。为了减小生态风险危害度，需要综合管控，土地损毁、城镇扩张、工业生产、放牧危害及干旱危害都需要综合防范。

表 7-5　生态累积影响因子交互作用对生态风险的影响

A∩B=C	A+B	比较	解释
土地损毁∩城镇扩张＝0.579 7	土地损毁＋城镇扩张＝0.591 8	C＞A,B;C＜A+B	互相增强
土地损毁∩工业生产＝0.654 2	土地损毁＋工业生产＝1.014 8	C＞A,B;C＜A+B	互相增强
土地损毁∩放牧危害＝0.567 9	土地损毁＋放牧危害＝0.630 9	C＞A,B;C＜A+B	互相增强
土地损毁∩干旱危害＝0.598 5	土地损毁＋干旱危害＝0.776 2	C＞A,B;C＜A+B	互相增强
城镇扩张∩工业生产＝0.516 7	城镇扩张＋工业生产＝0.537 8	C＞A,B;C＜A+B	互相增强
城镇扩张∩干旱危害＝0.298 1	城镇扩张＋干旱危害＝0.299 2	C＞A,B;C＜A+B	互相增强
城镇扩张∩放牧危害＝0.186 5	城镇扩张＋放牧危害＝0.153 9	C＞A+B	非线性增强
工业生产∩干旱危害＝0.624 6	工业生产＋干旱危害＝0.722 2	C＞A,B;C＜A+B	互相增强
工业生产∩放牧危害＝0.520 1	工业生产＋放牧危害＝0.576 9	C＞A,B;C＜A+B	互相增强
干旱危害∩放牧危害＝0.266 2	干旱危害＋放牧危害＝0.338 3	C＞A,B;C＜A+B	互相增强

（4）生态风险易损度因子的影响作用

探测易损度因子的交互作用结果如表 7-6 所示。从表中可以看出，湿度指数和土壤侵蚀、景观损失和土壤侵蚀、土壤侵蚀和裸土指数为互相增强因子，这些因子交互作用，正向强化了风险因子的影响力。湿度指数和景观损失、湿度指数和裸土指数、湿度指数和生态系统服务价值、景观损失和裸土指数、景观损失和生态系统服务价值、土壤侵蚀和生态系统服务价值、裸土指数和生态系统服务价值为非线性增强。

表 7-6 易损性因子交互作用对生态风险的影响

A∩B=C	A+B	比较	解释
湿度指数∩景观损失=0.377 3	湿度指数+景观损失=0.341 3	C>A+B	非线性增强
湿度指数∩土壤侵蚀=0.537 7	湿度指数+土壤侵蚀=0.576 1	C>A,B;C<A+B	互相增强
湿度指数∩裸土指数=0.565 5	湿度指数+裸土指数=0.503 8	C>A+B	非线性增强
湿度指数∩生态系统服务价值=0.442 3	湿度指数+生态系统服务价值=0.334 2	C>A+B	非线性增强
景观损失∩土壤侵蚀=0.393 4	景观损失+土壤侵蚀=0.442 9	C>A,B;C<A+B	互相增强
景观损失∩裸土指数=0.395 5	景观损失+裸土指数=0.270 6	C>A+B	非线性增强
景观损失∩生态系统服务价值=0.348 2	景观损失+生态系统服务价值=0.261 9	C>A+B	非线性增强
土壤侵蚀∩裸土指数=0.528 9	土壤侵蚀+裸土指数=0.605 4	C>A,B;C<A+B	互相增强
土壤侵蚀∩生态系统服务价值=0.505 7	土壤侵蚀+生态系统服务价值=0.496 7	C>A+B	非线性增强
裸土指数∩生态系统服务价值=0.431 6	裸土指数+生态系统服务价值=0.363 5	C>A+B	非线性增强

7.5.3 生态风险分区管控措施

第一,预警保护兼顾区,既要关注生态累积影响,也要注意生态易损性,防止生态风险增加,生态系统演变为不可逆状态。预警保护兼顾区生态累积影响度和生态风险易损度最大解释因子是土地损毁、干旱和土壤侵蚀、裸土指数,因此,对于预警保护兼顾区要采取兼顾风险监测预警区和生态保护修复区的措施。

第二,风险监测预警区,与一般预警相比,矿区生态预警更为复杂。首先是生态风险预警具有累积性和突发性,如矿区资源开采导致的生态问题、环境污染、地质灾害等;其次是预警的征兆具有滞后性,风险产生具有一定的时间差,人们常常是在风险发生严重危害性后才察觉风险;最后,警源具有复杂性,在矿区这一复合生态系统中,风险具有多风险源、多风险受体的复杂性,风险发生都是各种因素共同作用的结果。因此,区域应抓住主要矛盾,重点管控生态风险大的地区。矿区生态累积影响度包括干旱、土地损毁、工业生产、城镇扩张、放牧。其中对于风险监测预警区,要重点关注土地损毁和工业生产对矿区生态风险的加重影响作用,同时不能放松对土地损毁和干旱、工业生产和干旱互相增强导致的风险,其叠加作用会增加生态风险。土地损毁管控需要对露天矿进行重点治理与监测,采矿活动是直接导致土地损毁的人类扰动活动,从生态风险值大小变化与矿区煤炭开采量变化趋势相似可看出,对风险监测预警区域管控需要对露天矿进行土地复垦及生态修复。传统矿区土地复垦是在闭矿后开展的,"边采边复"注重复垦的及时性,在进行煤炭开采活动的同时开展土地复垦工作,如"采-排-覆一体化",通过条带开采后将裸露岩石堆积于前期开采煤炭后的采坑中,通过土壤重构改良后在复垦土壤上选经济适宜的植被,如落叶松、紫花苜蓿、披碱草等植物,实现对矿区土地复垦生态修复。针对此分区,风险管控的目的是预防区域生态风险增大、生态系统进一步退化。

第三,生态保护修复区,针对这一区域,生态易损度较大,需重点管控生态和易损度。在生态易损中土壤侵蚀因子对生态风险解释力最大,矿区为水蚀和风蚀共同作用区,因此生态保护修复需重点对土壤侵蚀开展。水蚀产生的重要因素之一是坡度,矿区地形起伏度较小、坡度整体较小,但区域内仍然有较大高差变化的边坡,最明显的是露天采矿区及露天矿排土场,需要对这些区域的边坡进行稳定性措施,改变这些区域松散土壤结构,种植固土植被,减小土壤侵蚀风险。风蚀一方面与全年的大风天气有关,另一方面与区域裸土有关,大风是产生风蚀的前提,裸土是风蚀产生的重要条件。因此要减小裸土面积,坚持退耕还草、围栏放牧的国家政策,保护草地,修复已退化草地,发挥草地水土保持的生态功能。同时景观损失和土壤侵蚀为生态风险交互增加因子,注重对景观损失修复,减小景观破碎度,增加对生态性景观的优势作用,如增加草地、水域等景观面积和聚集性,减小分离度。预防区域生态风险增大、防止生态系统进一步演变退化是此分区的管控目标。

第四,自然适应调控区,为生态风险管控的冷点,需要防患于未然。分区重点是依靠生态系统自身恢复力实现风险管控,关注区域内重要影响因子,可以防范风险增大。干旱是生态风险累积作用的主要影响因子,湿度指数是易损性的最大解释力因子,因此,对于自然适应调控区,要减小人为干扰影响,尽量规避城镇建设开发、工业布局等活动,使得该区域能更好自我调控。

基于主导因子法,将矿区生态风险管控单元划分为预警保护兼顾区、风险监测预警区、生态保护修复区以及自然适应调控区,利用地理探测器工具开展分异因子和交互作用探测,将探测结果作为风险管控的重点,实现兼顾生态-经济-社会效益的风险管控,为实现矿区可持续发展提供理论支持和建议。

参考文献

[1] 宋丽丽,白中科.煤炭资源型城市生态风险评价及预测:以鄂尔多斯市为例[J].资源与产业,2017,19(5):15-22.

[2] 孙琦,白中科,曹银贵.基于生态风险评价的采煤矿区土地损毁与复垦过程分析[J].中国生态农业学报,2017,25(6):795-804.

[3] 张学渊,魏伟,周亮,等.西北干旱区生态脆弱性时空演变分析[J].生态学报,2021,41(12):4707-4719.

[4] 张思锋,刘晗梦.生态风险评价方法述评[J].生态学报,2010,30(10):2735-2744.

[5] 付在毅,许学工.区域生态风险评价[J].地球科学进展,2001,16(2):267-271.

[6] 殷贺,王仰麟,蔡佳亮,等.区域生态风险评价研究进展[J].生态学杂志,2009,28(5):969-975.

[7] 颜磊,许学工.区域生态风险评价研究进展[J].地域研究与开发,2010,29(1):113-118.

[8] 刘迪,陈海,耿甜伟,等.基于地貌分区的陕西省区域生态风险时空演变[J].地理科学进展,2020,39(2):243-254.

[9] 孙琦,白中科,曹银贵.基于生态风险评价的采煤矿区土地损毁与复垦过程分析[J].中国生态农业学报,2017,25(6):795-804.

[10] 朱文江,张颂函,顾美仙.砖瓦厂排放的氟化物造成水稻严重减产的调查研究[J].环境污染与防治,1991,13(5):26-30.

[11] 张金屯.山西高原草地退化及其防治对策[J].水土保持学报,2001,15(2):49-52.

[12] 井云清,张飞,陈丽华,等.艾比湖湿地土地利用/覆被-景观格局和气候变化的生态环境效应研究[J].环境科学学报,2017,37(9):3590-3601.

[13] 魏晓旭,赵军,魏伟,等.中国县域单元生态脆弱性时空变化研究[J].环境科学学报,2016,36(2):726-739.

[14] 徐涵秋.南方典型红壤水土流失区地表裸土动态变化分析:以福建省长汀县为例[J].地理科学,2013,33(4):489-496.

[15] 石三娥,魏伟,杨东,等.基于RSEDI的石羊河流域绿洲区生态环境质量时空演变[J].生态学杂志,2018,37(4):1152-1163.

[16] 王志刚,孙佳佳,胡波,等.基于土壤侵蚀分级标准快速估算小流域土壤侵蚀量[C]// 海峡两岸水土保持学术研讨会,武汉,2014.

[17] 高军靖.呼伦贝尔草原生态安全评价研究[D].北京:中国环境科学研究院,2013.

[18] 孙琦,白中科,曹银贵,等.特大型露天煤矿土地损毁生态风险评价[J].农业工程学报,2015,31(17):278-288.

[19] 曾辉,刘国军.基于景观结构的区域生态风险分析[J].中国环境科学,1999,19(5):454-457.

[20] 娄妮,王志杰,何嵩涛.基于景观格局的阿哈湖国家湿地公园景观生态风险评价[J].水土保持研究,2020,27(1):233-239.

[21] 王鹏,王亚娟,刘小鹏,等.干旱地区生态移民土地利用变化生态风险:以宁夏红寺堡区为例[J].干旱地区农业研究,2019,37(1):58-65.

[22] 王劲峰,徐成东.地理探测器:原理与展望[J].地理学报,2017,72(1):116-134.

附录　宝日希勒露天矿采样实验方案

一、项目名称

典型污染场地识别与治理技术

二、实验时间

2019.6.23—2019.6.30。

三、实验目的和任务

（一）实验目的

识别研究区场地类型,完成实地土壤、水、植被生态要素的采集,为污染场地的治理工作提供数据支持。

（二）调研任务

通过实地调研,根据场地样点布设,采集宝日希勒露天矿土壤、植被、水生态要素样品。

四、实验场地和实验材料

（一）实验场地

宝日希勒露天矿。

（二）实验材料

实验所需材料及数量见附表1。

附表 1　实验材料及数量

序号	材料名称	规格	数量
1	调查底图	调研煤矿各1张	2张
2	自封袋(土壤样品)	8号	400个
3	尼龙网袋(植被样品)	25 cm×15 cm,45 cm×30 cm	200个,50个
4	水样瓶	100 mL	60个
5	土壤 pH 值检测仪	检测范围 0—14	1台
6	手持式光谱仪	—	1台
7	GPS	—	2台
8	取土铲	—	4把
9	编织袋	60 cm×20 cm×45 cm	6个
10	记录本	—	4本

附表 1（续）

序号	材料名称	规格	数量
11	卷尺	—	1 个
12	中性笔	黑	4 支
13	马克笔	蓝、红	各 1 支
14	胶带	—	2 卷
15	标签	—	1 包
16	草帽	—	5 顶
17	口罩	一次性	3 包
18	白线手套	—	5 双
19	无人机	—	1 台
20	绳子	30 m	2 捆
21	便携式手提秤	50 kg	2 把

五、实验步骤

（一）确定场地类型

通过已有调查资料，结合遥感影像等图件，进行室内预判，划分各矿区场地类型。

（二）完成样点布置

1. 采样依据

样区选取的主要依据为矿区场地位置、类型、地表景观、植被种类、场地恢复状态等。

2. 样点布设方法

（1）土壤/植被的样点布设方法主要为梅花布点法。场地近似矩形，取其对角线交点为中心点，依据场地面积，向外以 100 m、200 m、300 m（视场地大小而定）为半径画同心圆，样点布设示意图见附图 1。

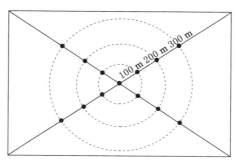

附图 1　场地土壤/植被样品采样示意图

（2）场地水样的获取方法根据不同场地蓄水池、附近河流、突水口等具体位置而定。

（3）样点布设。利用已有调查资料和遥感影像，判断宝日希勒露天矿场地类型。在此基础上，结合样点布设依据确定取样场地。利用南方 CASS 软件，采用梅花布点法，绘制各场地样点布设图,如附图 2、附图 3、附图 4、附图 5、附图 6 所示。

附图 2 宝日希勒露天矿样点分布图

附图 3 矿区样点分布图

附图 4　2 km 缓冲区样点分布图

附图 5　5 km 缓冲区样点分布图

附图 6　8 km 缓冲区样点分布图

考虑样点的可获取性,宝日希勒露天矿取样场地选择依据如附表 2 所示。

附表 2　宝日希勒露天矿取样场地的确定

编号		场地类型	坐标	选择依据
矿区	A	复垦区 (北排土场北坡)	$X = 5\ 474\ 913.18$ $Y = 40\ 478\ 725.83$	① 场地复垦完好,已有植被覆盖;② 植被类型以草本为主;③ 迎风坡,存在土壤侵蚀现象
	B	复垦区 (北排土场西坡)	$X = 5\ 474\ 363.18$ $Y = 40\ 478\ 250.83$	① 场地复垦完好,已有植被覆盖;② 植被类型以灌木和草本为主
	C	复垦区 (北排土场平台)	$X = 5\ 474\ 288.18$ $Y = 40\ 478\ 725.83$	① 场地复垦完好,已有植被覆盖;② 植被类型以草本为主
	D	复垦区 (蓄水池旁边)	$X = 5\ 474\ 638.18$ $Y = 40\ 478\ 925.83$	① 场地复垦完好,已有植被覆盖;② 植被类型以灌木和草本为主;③ 附近有水域
	E	复垦区	$X = 5\ 473\ 501.82$ $Y = 40\ 479\ 478.11$	① 场地复垦完好,刚完成植被覆盖;② 植被类型以草本为主
	F	复垦区	$X = 5\ 473\ 241.02$ $Y = 40\ 479\ 692.88$	① 靠近剥离区;② 场地正在恢复,有部分植被覆盖,植被类型以草本为主
	S	未复垦排土场	$X = 5\ 472\ 792.780\ 35$ $Y = 40\ 480\ 013.360\ 7$	剥离物堆放
	G	工业广场	$X = 5\ 472\ 052.67$ $Y = 40\ 479\ 062.82$	停车场,运煤车停放
	H	工业广场	$X = 5\ 471\ 937.12$ $Y = 40\ 481\ 305.85$	传送带,以煤炭运输为主
	I	草地	$X = 5\ 477\ 966.10$ $Y = 40\ 478\ 753.22$	原生场地,无采煤活动

编号		场地类型	坐标	选择依据
2 km 缓冲区	J	工业广场	$X=5\ 471\ 743.38$ $Y=40\ 479\ 007.36$	矿区破碎站，用于煤炭加工
	K	复垦区	$X=5\ 470\ 808.30$ $Y=40\ 480\ 803.08$	东排土场已复垦区
	L	草地	$X=5\ 472\ 543.77$ $Y=40\ 483\ 962.56$	原生场地，附近无牧场
5 km 缓冲区	M	建设用地	$X=5\ 468\ 527.65$ $Y=40\ 479\ 181.01$	内蒙古国华呼伦贝尔发电有限公司
	N	草地	$X=5\ 469\ 583.84$ $Y=40\ 485\ 348.43$	原生场地，附近有坑塘
	O	建设用地	$X=5\ 468\ 168.16$ $Y=40\ 484\ 836.64$	生活居住区
8 km 缓冲区	P	砖窑厂	$X=5\ 465\ 654.79$ $Y=40\ 483\ 299.83$	生产砖窑，产生大量固体垃圾
	Q	草地	$X=5\ 463\ 956.41$ $Y=40\ 481\ 759.96$	天然牧场，以放牧为主
	R	耕地	$X=5\ 464\ 327.95$ $Y=40\ 485\ 675.83$	种植蔬菜大棚

（三）实地采样

1. 植被样品

根据样点布设图，在样点附近完成植被样品采集。

2. 土壤样品

根据样点布设图，每个采样点取 0—20 cm 表土约 250 g。在土壤样点附近采用土壤 pH 值检测仪测试样点 pH 值，采用手持式光谱仪测试土壤重金属含量。

注：矿区范围内每个场地按梅花布点法取 5 个样品，缓冲区内每个场地按等边三角形法取 3 个样品。

3. 水样品

在宝日希勒露天矿蓄水池、生活区、排土场塌陷区、莫日格勒河分别取约 100 mL 水样 2—3 瓶。

六、主要人员与任务分配

本次调研共计 5 人，具体任务分配如附表 3 所示。

附表 3 本次调研主要人员及任务分配

姓 名	主要任务	联系方式
李永峰	现场调研指导	
孟令冉	样品采集	
武复宇	样品采集	
韩 琳	现场记录	
房阿曼	样品采集	
王师傅（司机）		